水利工程隧洞衬砌混凝土质量管理

王仁龙　安民　王建文　陈继斌 等　编著

中国水利水电出版社
www.waterpub.com.cn
·北京·

内 容 提 要

本书是在多年水利工程隧洞衬砌混凝土质量管理实践的基础上编制完成。全书共6章，包括：质量管理基本内容，隧洞衬砌混凝土前验收主要事项，质量管理基本机理，质量管理存在问题的研究及主体条件，质量管理常见问题的防治，以及隧洞衬砌混凝土质量管理实例。本书理论联系实践，内容翔实，具有较高的实用价值。

本书可供水利工程隧洞衬砌混凝土质量管理、施工、监理、监督人员及有关工程技术人员使用，也可作为大中专院校相关专业学生的参考书。

图书在版编目（CIP）数据

水利工程隧洞衬砌混凝土质量管理 / 王仁龙等编著
. -- 北京 : 中国水利水电出版社, 2022.3
ISBN 978-7-5226-0461-9

Ⅰ. ①水… Ⅱ. ①王… Ⅲ. ①水工隧洞－隧道衬砌－混凝土衬砌－混凝土质量－质量管理 Ⅳ. ①TV554

中国版本图书馆CIP数据核字(2022)第024368号

书　名	**水利工程隧洞衬砌混凝土质量管理** SHUILI GONGCHENG SUIDONG CHENQI HUNNINGTU ZHILIANG GUANLI
作　者	王仁龙　安　民　王建文　陈继斌　等 编著
出版发行	中国水利水电出版社 （北京市海淀区玉渊潭南路1号D座　100038） 网址：www.waterpub.com.cn E-mail：sales@waterpub.com.cn 电话：（010）68367658（营销中心）
经　售	北京科水图书销售中心（零售） 电话：（010）88383994、63202643、68545874 全国各地新华书店和相关出版物销售网点
排　版	中国水利水电出版社微机排版中心
印　刷	天津嘉恒印务有限公司
规　格	170mm×240mm　16开本　8.25印张　119千字
版　次	2022年3月第1版　2022年3月第1次印刷
印　数	001—800册
定　价	**48.00**元

《水利工程隧洞衬砌混凝土质量管理》

编写人员名单

王仁龙　安　民　王建文　陈继斌

王建峰　闫海雷　李国博　王宇博

袁　飞　周慧琴　昝伯阳　陈　超

袁向宇　张永生　赵琦彦　栗献锋

主要编写单位

山西省水利水电勘测设计研究院有限公司

序

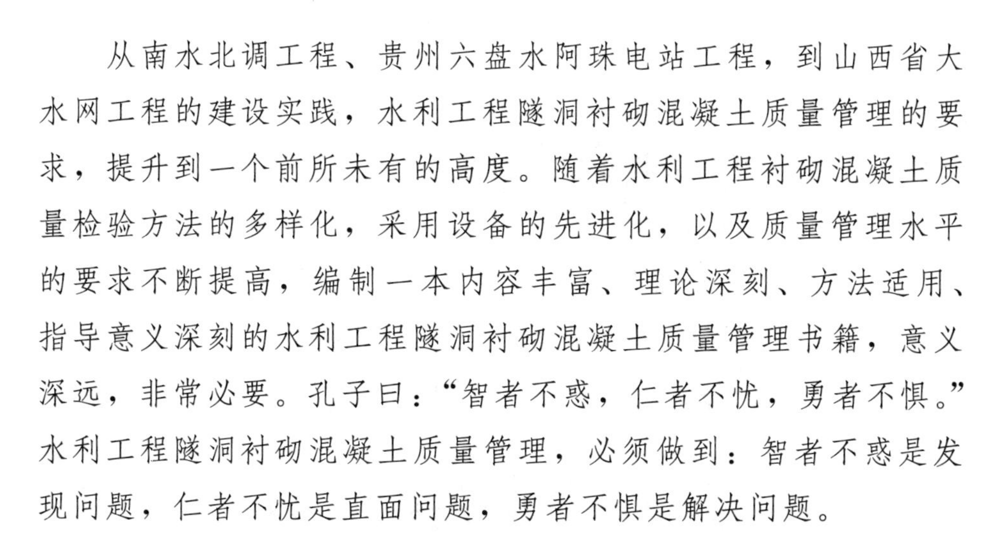

从南水北调工程、贵州六盘水阿珠电站工程，到山西省大水网工程的建设实践，水利工程隧洞衬砌混凝土质量管理的要求，提升到一个前所未有的高度。随着水利工程衬砌混凝土质量检验方法的多样化，采用设备的先进化，以及质量管理水平的要求不断提高，编制一本内容丰富、理论深刻、方法适用、指导意义深刻的水利工程隧洞衬砌混凝土质量管理书籍，意义深远，非常必要。孔子曰：“智者不惑，仁者不忧，勇者不惧。”水利工程隧洞衬砌混凝土质量管理，必须做到：智者不惑是发现问题，仁者不忧是直面问题，勇者不惧是解决问题。

在以往的水利工程隧洞衬砌混凝土质量管理过程中，认识的局限性、操作手段的落后，致使水利工程隧洞衬砌混凝土质量存在缺陷，甚至有时发生质量事故，导致工程无法按时验收和发挥正常效益。

山西省水利水电勘测设计研究院有限公司是我国首批具有甲级综合资质的大型设计、咨询单位，通过了质量管理体系认证，技术雄厚、专业齐备，先后承担了北京市、河北省、山西省、广西壮族自治区、贵州省、新疆维吾尔自治区、宁夏回族自治区等全国多个省（自治区、直辖市）的水利工程隧洞衬砌混凝土设计及施工监督工作，积累了丰富的实践经验和雄厚的理论基础，为水利工程隧洞衬砌混凝土质量管理奠定了坚实的基础。

紧随着水利工程质量改革的足迹，工程建设出现了新的变化，水利工程隧洞衬砌混凝土质量管理赋予了新的使命，未来质量发展前景光明。

水利工程隧洞衬砌混凝土质量的管控反映在水利工程整体质量方面，工程质量的竞争最终体现在管理体系的建立健全和管理能力提升等方面。

《水利工程隧洞衬砌混凝土质量管理》一书较为全面地总结了水利工程隧洞衬砌混凝土质量管理方面的科学研究和实践经验，建立了水利工程隧洞衬砌混凝土质量管理的科学体系。该书包括：质量管理基本内容，隧洞衬砌混凝土前验收主要事项，质量管理基本机理，质量管理存在问题的研究及主体条件，质量管理常见问题的防治，以及隧洞衬砌混凝土质量管理实例等内容。该书提出的水利工程隧洞衬砌混凝土质量管理理念和方法颇具新意、见解独特、先进实用，对提高水利工程隧洞衬砌混凝土质量管理水平具有较强的指导意义。

《水利工程隧洞衬砌混凝土质量管理》是一本内容全面、理论依据深刻、实践经验丰富的书籍。该书集理论与实际应用为一体，具有较高的理论价值和实用价值，使水利工程隧洞衬砌混凝土质量管理工作更加条理化、程序化、规范化，具有较强的实用性。该书结构清晰，层次分明，便于理解和掌握，针对性极强，为水利工程隧洞衬砌混凝土质量科学管理提供了富有价值的理论与实践经验，可广泛推广。

2021年2月

前 言

专业化、程序化、规范化的水利工程隧洞衬砌混凝土质量管理工作，在施工、监理、管理、监督之间已形成一个有机体，该工作以条例、规程、规范、合同为依据，以设计要求为前提，以提高水利工程隧洞衬砌混凝土质量为保障，以增加水利工程建设效益为目的，对水利工程隧洞衬砌混凝土质量进行科学管理，形成相互协作、相互制约、相互促进的工作建设框架。实践证明，水利工程隧洞衬砌混凝土质量管理的规范化，可保证水利工程隧洞衬砌混凝土质量，使工程发挥巨大经济效益。

本书是在多年水利工程隧洞衬砌混凝土质量管理实践的基础上编制完成，对水利工程隧洞衬砌混凝土质量管理的基本概念、理论、工作原理进行了较为全面的阐述，特别对轴线复核、断面测量、超欠挖处理、钢筋制安、橡胶止水带安装、混凝土浇筑、拌和物振捣、模板脱模、混凝土外观质量检验等进行了较为详细的介绍，并编著了相关要求、常见问题分析、通病防治和实例。本书源于水利工程隧洞衬砌混凝土质量管理实践，内容具体、翔实、易懂、操作性极强，具有很高的实用价值。

本书共六章：第 1 章质量管理基本内容；第 2 章隧洞衬砌混凝土前验收主要事项；第 3 章质量管理基本机理；第 4 章质量管理存在问题的研究及主体条件；第 5 章质量管理常见问

题的防治；第6章隧洞衬砌混凝土质量管理实例等。

本书的编写得到了施工、设计、管理、质量监督机构和水利工程学者、专家及教授的指导和帮助，在此深表感谢。

在本书编写过程中，参考和引用了所列参考文献的部分内容，谨向这些文献的编著者致以谢意，向给予本书提出宝贵意见的学者及专家表示诚恳的感谢。

随着信息化、智能化的发展，水利工程隧洞衬砌混凝土质量管理从理论到实践，需要不断完善、提高并增加丰富的内涵。本书不妥之处在所难免，恳请广大读者批评指正。

作者

2021年2月

目　录

第1章

质量管理基本内容

1.1 目的、适用范围及主要依据

1.1.1 目的

为提高水利工程隧洞衬砌混凝土质量，规范现场施工、监理、管理、监督行为，阻止和减少质量问题的发生，满足水利工程正常施工需求。

1.1.2 适用范围

本书适用于新建、改建、扩建、除险加固、改造维修等水利工程隧洞衬砌混凝土质量管理。

1.1.3 主要依据

水利工程隧洞衬砌混凝土质量管理的主要依据为：法律法规、规程、规范；水利工程建设标准强制性条文；建设工程勘察设计文件；建设工程合同及其他文件；同类型工程施工经验等。

1.2 名词术语

（1）水利工程：指防洪、除涝、灌溉、发电、供水、围垦、水土保持、移民、水资源保护等工程（包括新建、扩建、改建、加固、修复）及其配套和附属工程的统称。

（2）隧洞工程：是修建在地下或水下或者在山体中，引水、输水、供水、发电的建筑物。根据其所在位置可分为山岭隧洞和水下隧洞两大类。为缩短距离和避免大坡道从山岭或丘陵下穿越的隧洞称为山岭隧洞；为穿越河流或海峡从河下或海底通过的隧洞称为水下隧洞。

（3）混凝土衬砌：混凝土，简称为“砼”：是指由胶凝材料将集料胶结成整体的工程复合材料的统称。通常讲的混凝土一词是指用水泥作胶凝材料，砂、石作集料与水（可含外加剂和掺合料）按一定比例配合，经搅拌而得的水泥混凝土，也称普通混凝土，它广泛应用于水利工程。

衬砌，是指为防止围岩变形或坍塌，沿隧洞洞身周边用钢筋混凝土等材料修建的永久性支护结构。衬砌技术通常是应用于引水或输水隧洞工程中。衬砌简单说，就是内衬，由混凝土浇筑而成。混凝土衬砌完成后，为回填岩体与衬砌面的空隙，通常需进行回填灌浆。

（4）钢模台车：钢模台车是一种为提高隧洞衬砌表面光洁度和衬砌速度，并降低劳动强度而设计、制造的专用设备，有边顶拱式、直墙变截面顶拱式、全圆针梁式、全圆穿行式、马蹄形整体针梁式等。采用钢模台车浇筑功效比传统模板提高350％，装模、脱模速度快3～5倍，所用的人力是传统模板的1/6。

（5）质量管理：就是使用科学的工作方法，实现最理想的目标。隧洞衬砌混凝土质量管理，是推行精细化管理，本着“精细管理，科学发展”的原则，进一步提升水利工程隧洞衬砌混凝土工作水平，强化执行力，推进水利工程隧洞衬砌混凝土质量提升，实现高质量管理能力。

（6）水利工程隧洞混凝土衬砌是隧洞工程的重要组成部分，主要由水泥、钢筋、掺合料、外加剂、橡胶止水带等组成。

1.3 工作内容

水利工程隧洞混凝土衬砌主要内容包括基础面处理、施工缝处理、模板制作及安装、钢筋制作及安装、预埋件（橡胶止水带、伸缩缝等）制作及安装、混凝土浇筑（含养护、脱模）、混凝土外观质量检验等项目

1.3.1 基础面

水利工程隧洞衬砌混凝土基础面，主要是检查岩基、软岩、地表水和地下水、岩面清理等项目是否满足规范及设计要求、是否符合相关规定。

1.3.2 模板制作及安装

水利工程隧洞衬砌混凝土使用的模板，应满足一定的稳定性、刚性和强度要求；符合承重模板底面高程要求；达到结构断面尺寸、轴线位置、垂直度的要求；满足结构物边线与设计边线的吻合；相邻两断面应保持一致；局部平整度应符合要求；模板表面接缝的缝隙应满足要求；结构物水平断面内部尺寸应符合要求；按规定涂刷脱模剂；模板整体应符合要求等。

1.3.3 钢筋制作及安装

水利工程隧洞衬砌混凝土钢筋的数量、规格尺寸、安装位置应符合设计要求；钢筋的力学性能应满足要求；焊接接头和焊接外观满足规范规定；钢筋连接满足要求；钢筋间距满足设计要求；保护层厚度符合要求；钢筋长度满足要求；钢筋排距应符合设计要求等。

1.3.4 预埋件制作及安装

水利工程隧洞衬砌混凝土橡胶止水带制作与安装应符合要求；

伸缩缝填充材料应满足要求；排水系统按设计要求设置；冷却及灌浆管路布设满足设计要求；铁件应按规定设置等。

1.3.5 混凝土浇筑

水利工程隧洞衬砌混凝土入仓混凝土料应满足要求；拌和料平仓分层应符合要求；混凝土振捣按规定设置；拌和料铺筑间隙时间应符合要求；混凝土浇筑温度应满足要求；混凝土养护到位；水泥砂浆铺筑符合要求；仓面积水或泌水按要求处理；钢筋、管路等预埋件以及模板的保护符合要求；混凝土表面保护满足要求；模板脱模应符合要求等。

1.3.6 混凝土外观质量

水利工程隧洞衬砌混凝土表面平整度应满足要求；隧洞洞壁形体尺寸应符合设计要求；隧洞初期支护主要部位缺陷应按规定处理；隧洞混凝土麻面、蜂窝、孔洞、错台按要求处理；隧洞混凝土跑模、偏模、掉角、表面裂缝应按规定处理并验收合格等。

1.4 质量管理的基本规定

1.4.1 质量管理的基本要求

水利工程隧洞衬砌混凝土质量管理，应满足如下要求。

（1）水利工程隧洞衬砌混凝土表面平整、曲线圆顺，高强度、耐久性、使用功能强等，应符合相关要求。

（2）水利工程隧洞衬砌混凝土前对水泥、细骨料、粗骨料、拌制和养护用水、外加剂、掺和料等原材料进行检验，各项技术指标应满足规范的相关要求。

（3）根据现场的具体情况，适当增加水利工程隧洞衬砌混凝土的外放值（施工正误差），以免侵限。

（4）水利工程隧洞衬砌混凝土拱部及侧墙超挖部分，应采用与衬砌混凝土同强度等级混凝土回填。

(5) 水利工程隧洞衬砌混凝土的顺序为：仰拱底板、边墙、顶拱整体浇筑。边墙基础高度的位置（水平施工缝）应避开剪力最大的截面，并按设计要求做防水处理。

(6) 水利工程隧洞衬砌混凝土，主要包括配置自动计量装置的拌和站、拌和输送罐车、混凝土输送泵、插入式与附着式组合振捣器、钢筋制安、混凝土浇筑、养护等事项。

(7) 水利工程隧洞衬砌混凝土质量管理，按原材料的检验和选用、混凝土的试验配合比、混凝土的现场拌制、混凝土浇筑温度的控制、混凝土拌和物振捣、混凝土成品养护等工序管理，规范操作。

1.4.2 质量管理的主要内容

水利工程隧洞衬砌混凝土质量管理主要内容包括施工准备、混凝土拌制、混凝土运输、混凝土浇筑、混凝土养护、隧洞混凝土衬砌拱圈背部回填、模板脱模等主要工序。必要时增加不良地质区域回填灌浆及固结灌浆等工序。

1.4.3 隧洞衬砌混凝土的基本条件

(1) 水利工程隧洞衬砌混凝土，通常在围岩和初期支护变形趋于稳定后进行。

(2) 水利工程隧洞衬砌混凝土时，在隧洞洞口段、浅埋段、围岩松散破碎段应加快混凝土的衬砌工作，增强衬砌结构（周围岩体）的稳定性。

(3) 水利工程隧洞衬砌混凝土作业区段，应满足：隧洞洞挖初期支护工作已完成、防水层已设置、环向排水和纵向排水系统已建立、需要衬砌的表面浮尘和杂物已清理干净。

(4) 为使隧洞衬砌混凝土工作顺利进行，防水系统铺设与安装应超出隧洞混凝土衬砌断面适当距离。

(5) 水利工程隧洞衬砌混凝土前，重点检查隧洞洞挖轴线、洞底和洞顶高程及开挖隧洞断面尺寸等，与设计相应值的吻合程度进行比较，确保符合设计要求。

（6）水利工程隧洞衬砌混凝土前，应检查：城门洞形断面仰拱以上的填充层是否完成、洞底找平层是否完成、地下水和洞内渗水抽排设置是否完备、施工缝是否按规定凿毛及处理完成、基底杂物和积水是否按要求处理等，各项内容均应满足相关要求。

（7）水利工程隧洞衬砌混凝土作业区域的照明、供电、供水、排水系统等应满足隧洞混凝土正常施工要求，隧洞内通风条件良好。

（8）水利工程隧洞衬砌混凝土门洞形断面，其衬砌仰拱和底板处理应符合以下基本要求。

1）隧洞衬砌混凝土前，隧洞基底石渣、杂物、泥浆、积水等清理完毕后，仓面使用高压水枪吹洗干净；隧洞洞挖时，超挖部分采用同等级标号混凝土回填密实。

2）隧洞城门洞形断面混凝土仰拱施工时，为避免工序之间作业时干扰，采用栈桥方式施工。栈桥方式为架空作业施工，可预防混凝土踩踏及损坏。

3）隧洞洞挖完成后，及时进行仰拱及找平层施工；底部开挖完成后，及时进行仰拱及找平层作业；底板与仰拱整体混凝土浇筑时，应在试验的基础上，合理把握底板混凝土初凝时间，同时采取措施，确保后续混凝土施工连续进行。

4）在隧洞衬砌混凝土过程中，仰拱施工缝应进行凿毛处理；变形缝应进行防水处理。

1.4.4 隧洞衬砌混凝土特性及常用的规程规范

（1）水利工程隧洞衬砌混凝土的基本特性。水利工程隧洞衬砌混凝土为水工建筑物，要求在经常性或周期性受水作用下能够长期正常发挥作用。

水工建筑物在特殊的条件下，能够长期正常使用的混凝土，统称为水工混凝土。水工混凝土可分为大体积混凝土和一般混凝土。

水利工程隧洞衬砌混凝土的基本特性为：常与环境水接触，一般要求具有较好的抗渗性；在寒冷地区、特别是在水位变动区使用时，要求具有较高的抗冻性；与侵蚀性的水相接触时，要求具有良好的耐蚀性；在输水构筑物中应用时，为防止温度裂缝的发生，要求具有抵热性和低收缩性；在受高速水流冲刷的部位使用时，要求具有抗冲刷、耐磨及抗气蚀性等。

(2) 水利工程隧洞衬砌混凝土施工常用的规范。水利工程隧洞衬砌混凝土施工使用的规范很多，涉及的面也很广，为了对水利工程隧洞衬砌混凝土施工有所了解，熟练把握施工要求。现简述常用施工规范，以便重点掌握及应用。

水利工程隧洞衬砌混凝土常用的规范如下：

1)《水工混凝土施工规范》(SL 677—2014)。

2)《水工混凝土试验规程》(SL/T 352—2020)。

3)《水工混凝土砂石骨料试验规程》(DL/T 5151—2014)。

4)《水工混凝土结构设计规范》(SL 191—2008)。

5)《水工混凝土钢筋施工规范》(DL/T 5144—2015)。

6)《水工混凝土掺用粉煤灰技术规范》(DL/T 5055—2007)。

7)《水工碾压混凝土施工规范》(DL/T 5112—2009)。

8)《水利工程建设标准强制性条文》(2020 年版)。

第2章

隧洞衬砌混凝土前验收主要事项

2.1 验收内容清单

2.1.1 水利工程隧洞衬砌混凝土技术交底资料

水利工程隧洞衬砌混凝土技术交底资料包括：工程施工图纸、规程规范、技术参数、工程主要技术指标、施工“三检制”、试验与检验、人员配备、现场检查、重要隐蔽工程验收（重要隐蔽单元工程联合验收或关键部位单元工程联合验收）、外观质量验收与评定、工程施工质量评定及验收等内容，详见表2.1。

表2.1　水利工程隧洞衬砌混凝土技术交底资料统计表

序号	项　目　内　容	情况说明
1	了解设计意图及施工图要求，熟悉规程与规范的规定；了解现场施工情况	根据实际情况，填写具体内容及数据
2	掌握工程设计具体技术参数、设计具体指标、施工过程中的注意事项	
3	施工过程中“三检制”的执行、旁站记录、施工过程资料及现场施工记录	
4	了解工程试验检测和取样试验规定、编制缺陷备案及处理制度	
5	建立现场组织机构；明确各级交底人员及接受人员，明确项目部现场技术员、施工员职责等	
6	了解模板形式及其主要性能，检查振捣器的布置及效果分析，检查各部件功能的正常发挥	

续表

序号	项目内容	情况说明
7	了解水利工程建设标准强制性条文的规定，检查现场落实情况	根据实际情况，填写具体内容及数据
8	依据相关要求，及时开展外观质量评定与验收	
9	根据规程、规范的规定，及时进行重要隐蔽工程、重要隐蔽单元工程或关键部位元工程的联合验收	
10	按照规定，了解隧洞衬砌混凝土质量评定与验收的相关内容，明确工程质量的具体要求	

2.1.2 隧洞衬砌混凝土前检查检验基本内容

水利工程隧洞衬砌混凝土前检查检验基本内容包括水利工程隧洞断面设计基本尺寸、隧洞洞挖初支基面检测结果、隧洞衬砌混凝土后设计结构尺寸、隧洞衬砌混凝土时预埋件具体要求、隧洞衬砌混凝土试验段效果统计分析等内容，详见表2.2。

表2.2　隧洞衬砌混凝土前检查检验基本内容统计表

序号	项目内容	情况说明
1	检测隧洞洞挖情况，检测隧洞洞挖初期支护的基本数据；确定隧洞在设计要求的前提下，实际轴线、拱顶控制点及边墙主要控制的参数；检查隧洞衬砌混凝土前断面结构尺寸	开展的具体工作，具体内容及成果
2	依据要求，在隧洞初期支护的边墙适当部位设置位置标志、隧洞衬砌混凝土洞段桩号、预埋件及止水带安装位置要求等	
3	确定隧洞衬砌混凝土试验洞段的位置、试验洞段的目的及达到的具体要求；根据隧洞衬砌混凝土试验洞段的效果分析，指导后续隧洞衬砌混凝土正常进行	

2.1.3 混凝土拌和系统检查验收

水利工程隧洞衬砌混凝土拌和系统检查验收主要包括拌和系统的组成、拌和能力的确定、操作人员的培训、设备的检验情况、规章制度的建立、保证体系的设置、岗位职责的制定、过程及阶段验收的相关材料等内容，详见表2.3。

表 2.3　　混凝土拌和系统检查验收统计表

序号	项　目　内　容	情况说明
1	隧洞衬砌混凝土拌和系统的组成	具体工作内容及说明
2	拌和能力与现场施工需求情况	
3	操作人员的从业资格及培训情况	
4	设备检验与率定的合格证明材料	
5	工艺流程的设置、管理制度的建立、操作规程的编制	
6	质量保证体系及保证措施建立与健全情况	
7	工作岗位责任制的建立	
8	过程及阶段验收的相关材料	

2.1.4　隧洞衬砌混凝土钢模台车的检查验收

水利工程隧洞衬砌混凝土钢模台车检查验收主要包括钢模台车的设计参数、结构尺寸、预埋件及止水带设置位置、衬砌工艺流程、操作手册编制、过程试验情况、钢模台车的检查与验收情况等内容，详见表 2.4。

表 2.4　　隧洞衬砌混凝土钢模台车检查验收统计表

序号	项　目　内　容	情况说明
1	检查隧洞衬砌混凝土钢模台车顶拱、边墙及底部的具体尺寸与设计要求吻合程度；检查钢模台车钢板技术参数、横梁与纵梁刚度参数、钢模台车外部模板的平整度情况等	检查、检验具体情况，数据汇总及分析；文件编制情况
2	隧洞衬砌混凝土钢模台车的进料口布置、振捣器设置与效果等具体的要求；钢模台车结构尺寸，钢模台车两端止水带位置设置，隧洞衬砌混凝土过程中可能出现的其他情况等	
3	钢模台车的技术要求、操作手册工艺流程、规章制度的编制、设置与建立等情况	
4	设备、材料的试验检验情况，各种材料的试验检验报告等	
5	钢模台车的检查、检验与验收记录等情况	

2.1.5 水利工程隧洞衬砌混凝土及过程控制情况

水利工程隧洞衬砌混凝土及过程控制情况，主要包括施工记录、施工日记、成品养护、外观质量评定与验收、施工质量缺陷修复、过程试验检验、工程施工质量评定与验收、材料与设备的试验检验等内容，详见表2.5。

表2.5 水利工程隧洞衬砌混凝土及过程控制情况统计表

序号	项 目 内 容	情况说明
1	隧洞衬砌混凝土过程记录、施工“三检制”落实、施工日志编制、施工日记填写等	文件编制情况，检验报告及相关资料
2	隧洞衬砌混凝土脱模检查、衬砌混凝土养护、成品保护等	
3	隧洞衬砌混凝土外观质量检验与评定；衬砌混凝土的裂缝、蜂窝、麻面的统计分析；隧洞衬砌混凝土过程中水利工程建设标准强制性条文的执行情况；隧洞衬砌混凝土整体工程质量评价及确认	
4	衬砌混凝土过程试验、检验情况；试验检验的证明材料	
5	隧洞衬砌混凝土单元工程施工质量评定、验收及支撑性资料	
6	隧洞衬砌混凝土检验、试验、工程报验及附件材料（含照片、录像或其他声像资料）	

2.1.6 隧洞衬砌混凝土控制人员的基本要求

水利工程隧洞衬砌混凝土控制人员的基本要求包括：主要资源配备；控制人员的安排，控制人员的经历，控制人员的能力；控制人员的职责履行情况检查等内容，详见表2.6。

表2.6 隧洞衬砌混凝土控制人员基本要求统计表

序号	项 目 内 容	情况说明
1	隧洞衬砌混凝土控制资源的配备、数量、资格、资质等	具体安排情况及相关记录
2	隧洞衬砌混凝土控制人员的安排、控制人员的经历、控制人员的主要能力、控制人员的操作水平等	
3	隧洞衬砌混凝土过程中控制人员的履行职责情况；控制人员过程培训教育情况；调整和完善情况	

2.2 验收提供资料

2.2.1 技术交底资料

水利工程隧洞衬砌混凝土前，技术交底资料主要内容见表2.7。

表2.7 技术交底资料

序号	项目名称	主要内容
1	隧洞衬砌混凝土前验收提供的技术交底资料	(1) 熟悉设计施工图的要求，掌握规程、规范的规定及现场施工情况。 (2) 掌握工程技术参数、设计指标、过程注意事项。 (3) 编制“三检制”，做好旁站记录、过程资料及施工记录。 (4) 了解试验检测和取样试验情况，编制缺陷备案及处理制度。 (5) 明确交底人员、接受人员、项目部现场技术员、施工员等职责情况。 (6) 钢模台车的检查验收情况，模板的检测、振捣器检查、衬砌效果检查情况等。 (7) 了解水利工程建设标准强制性条文规定、及现场落实情况等。 (8) 及时开展隧洞衬砌混凝土外观质量评定与验收工作。 (9) 及时进行重要隐蔽单元工程或关键部位单元工程联合验收及资料完善工作。 (10) 了解衬砌混凝土施工及质量评定、验收情况
2	其他	其他相关要求

2.2.2 水利工程隧洞衬砌混凝土前验收基本内容

水利工程隧洞衬砌混凝土前验收基本内容见表2.8。

表 2.8 水利工程衬砌混凝土前验收基本内容

序号	项目名称	主要内容
1	隧洞衬砌混凝土前验收基本内容	(1) 检测隧洞洞挖、初期支护的情况；检查隧洞洞挖轴线、拱顶控制点及边墙主要控制技术数据与设计要求吻合情况；检查隧洞开挖后，隧洞洞底的高程与结构尺寸对应情况。 (2) 明确隧洞衬砌混凝土边墙标注具体位置、衬砌部位、预埋件及止水带放置位置等情况。 (3) 确定衬砌试验段具体位置、试验段目的及相关要求；根据试验段结果，指导后续洞段衬砌混凝土工作
2	其他	其他相关要求

2.2.3 混凝土拌和系统检查验收内容

水利工程隧洞衬砌混凝土前拌和系统检查验收内容见表 2.9。

表 2.9 混凝土拌和系统检查内容

序号	项目名称	主要内容
1	隧洞衬砌混凝土前拌和系统检查验收主要内容	(1) 混凝土拌和系统的组成。 (2) 混凝土拌和能力与现场施工需求情况。 (3) 操作人员从业资格及培训情况。 (4) 设备、设施检验验收情况。 (5) 工艺流程、管理制度、操作规程建立情况等。 (6) 质量保证体系及保证措施设置情况等。 (7) 岗位职责的设置及建立情况。 (8) 过程及阶段验收情况等
2	其他	其他相关要求

2.2.4 隧洞衬砌混凝土前钢模台车检查验收

水利工程隧洞衬砌混凝土前钢模台车检查验收主要内容见表 2.10。

表 2.10　隧洞衬砌混凝土前钢模台车基本内容

序号	项目名称	主　要　内　容
1	隧洞衬砌混凝土前钢模台车检查验收内容	(1) 隧洞衬砌混凝土钢模台车顶拱、边墙及底部的主要尺寸与设计要求吻合程度。 (2) 隧洞衬砌混凝土钢模台车钢板技术性能、横梁与纵梁刚度参数、模板外表面平整度等情况。 (3) 隧洞衬砌混凝土钢模台车进料口布置、振捣器设置、整体结构尺寸确定、钢模台车两端止水带设置、混凝土衬砌过程中可能出现的其他情况等。 (4) 隧洞衬砌混凝土钢模台车技术要求、操作手册、工艺流程、规章制度建立等情况。 (5) 材料设备试验检验情况，各种试验检验报告情况等
2	其他	其他相关要求

2.2.5　隧洞衬砌混凝土前整体运行检查

水利工程隧洞衬砌混凝土前整体运行检查主要内容见表2.11。

表 2.11　隧洞衬砌混凝土前整体运行检查内容

序号	项目名称	主　要　内　容
1	隧洞衬砌混凝土前整体运行检查主要内容	(1) 从原材料试验、混凝土拌和、拌和物运输、拌和物入仓、混凝土振捣、衬砌混凝土外观质量检验与评定等几个工序检查，同时确定各工序之间的联系。 (2) 重点检查关键部位、薄弱环节、不良地质洞段、较大塌方洞段等具体情况。 (3) 针对可能存在的问题，制定相应的应急预案，采取必要措施等。 (4) 及时修正、完善相应不足，确保衬砌混凝土正常进行
2	其他	其他相关要求

2.2.6　隧洞衬砌混凝土前控制人员检查

水利工程隧洞衬砌混凝土前控制人员检查内容见表2.12。

表 2.12 水利工程隧洞衬砌混凝土前控制人员检查内容

序号	项目名称	主 要 内 容
1	隧洞衬砌混凝土前控制人员检查内容	(1) 隧洞衬砌混凝土控制人员的配置、安排、数量。 (2) 隧洞衬砌混凝土控制人员的经历、主要能力、操作水平等。 (3) 隧洞衬砌混凝土控制人员，在混凝土衬砌过程中的履行职责情况、需要调整部分、及时完善情况等
2	其他	其他相关要求

2.2.7 水利工程隧洞衬砌混凝土及过程控制

水利工程隧洞衬砌混凝土及过程控制检查内容见表 2.13。

表 2.13 水利工程隧洞衬砌混凝土及过程控制检查内容

序号	项目名称	主 要 内 容
1	隧洞衬砌混凝土及过程控制检查内容	(1) 隧洞衬砌混凝土过程控制记录，施工日志编制，施工日记填写、施工“三检制”落实等。 (2) 隧洞衬砌混凝土后模板脱模，成品混凝土养护，隧洞工程的保护等。 (3) 隧洞衬砌混凝土成品工程外观质量检验与评定；衬砌混凝土的裂缝、蜂窝、麻面等缺陷的统计分析；水利工程建设标准强制性条文的执行情况；隧洞总体工程质量评价及确认等。 (4) 原材料、中间产品的试验检验情况，各种试验、检验的证明材料汇总情况等。 (5) 隧洞衬砌混凝土单元工程质量评定、验收及相关支撑性材料等。 (6) 隧洞衬砌混凝土的检验、试验、工程报验及附件材料等(含照片、录像或其他声像资料)
2	其他	其他相关要求

2.3 验收工作

2.3.1 验收主要内容

水利工程隧洞衬砌混凝土前验收主要内容包括：重要隐蔽工程

验收、重要隐蔽单元工程验收、主洞洞挖初期支护后隧洞轴线和纵坡复测、钢模台车检验验收、混凝土拌和站启动验收、工程外观质量评定与验收、隧洞衬砌混凝土整体联动试运行、隧洞衬砌混凝土控制、联动人员到位及职责履行情况等。

2.3.2 验收具体要求

水利工程隧洞衬砌混凝土前验收应满足工程施工合同、规程、规范、工程建设标准强制性条文、设计文件及相关规定等。

(1)《水利水电建设工程验收规程》(SL 223—2008)。

(2)《水利水电工程施工质量检验与评定规程》(SL 176—2007)。

(3)《水利水电工程单元工程施工质量验收评定标准》(SL 631～637—2012)。

(4)《水利工程施工监理规范》(SL 288—2014)。

(5)《水利工程建设标准强制性条文》(2020 年版)。

2.3.3 验收工作组组成

工程验收组织单位为建设管理单位,工程验收主持单位为监理机构,验收工作分资料、现场 2 个大组、7 个分组;大组与分组分别设置组长、成员(若干)。7 个分组设置如下:

(1)重要隐蔽工程及重要隐蔽单元工程验收分组。

(2)水利工程隧洞洞挖完成后主洞轴线、纵坡复测验收分组。

(3)水利工程隧洞洞挖工程外观质量评定与验收分组。

(4)水利工程隧洞衬砌混凝土前钢模台车验收分组。

(5)水利工程隧洞衬砌混凝土前拌和站启动验收分组。

(6)水利工程隧洞衬砌混凝土前整体联动试运行验收分组。

(7)水利工程隧洞衬砌混凝土前控制人员到位及职责履行情况验收分组。

2.3.4 验收时间、地点

(1)验收时间:选择适宜的时间。

（2）验收地点：工程施工现场。

2.3.5 验收主要工作及安排

（1）召开验收预备会。成立水利工程隧洞衬砌混凝土前验收工作组，验收组工作分工安排，讨论验收工作程序。

（2）召开验收工作会。

（3）听取施工单位及相关单位的工作汇报。

（4）各工作组（及分工作组）开展相应工作，查看工程现场，查阅隧洞衬砌混凝土相关文件资料。

（5）讨论并通过水利工程隧洞衬砌混凝土前验收鉴定书。

（6）填写相关表格并履行签字手续。

（7）验收会议结束。

2.4 验收工作组意见

2.4.1 验收现场工作组意见

水利工程隧洞衬砌混凝土前现场工作组按照《水利水电建设工程验收规程》（SL 223—2008）规定、设计要求及合同约定，通过工程现场检测与检查，形成现场工作组意见，主要内容如下。

（1）水利工程隧洞衬砌混凝土前：重要隐蔽工程已通过验收、重要隐蔽单元工程已评定和验收、隧洞主洞中心轴线及纵坡已复核、隧洞衬砌混凝土钢模台车通过验收、隧洞衬砌混凝土拌和站进行了启动验收、隧洞洞挖完成后工程外观质量进行了评定与验收、隧洞衬砌混凝土前整体联动进行了试运行、隧洞衬砌混凝土前主要控制及联动人员到位并履行职责；施工工序符合设计、规范及相关要求。

（2）如果有存在的问题，则应提出建议并采取措施。

（3）验收工作组组长和成员签字确认。

（4）明确验收时间。

2.4.2 验收资料工作组意见

水利工程隧洞衬砌混凝土前验收资料工作组按照《水利水电建设工程验收规程》（SL 223—2008）规定、设计要求及合同约定，通过查阅工程建设管理中形成的文件资料，结合工程实体检查情况，形成资料工作组意见如下。

（1）隧洞衬砌混凝土前，对组建组织机构、制定保证体系和规章制度等，得出结论。

（2）对原材料试验、中间产品检验等进行检查。

（3）对主洞衬砌混凝土前形成的文字、图纸、图表、记录、声像等资料，按照相关要求进行整理、分类。

（4）验收资料齐全，同意通过验收。

（5）如果有存在的问题，则应提出建议并采取措施。

（6）验收工作组组长和成员签字确认。

（7）明确验收时间。

2.5 验收鉴定书

2.5.1 水利工程隧洞衬砌混凝土前验收鉴定书

水利工程隧洞衬砌混凝土前验收：通过召开预备会议，组建验收工作小组，确定验收会议议程，通过材料检验和设备检测，经过各工序验收，听取工作汇报，经过现场检查检测和讨论分析，最后确定水利工程隧洞衬砌混凝土前验收鉴定书。另外，在提供了验收资料和备查资料以及相关支撑材料，完善相关签字手续后，水利工程隧洞衬砌混凝土前验收工作完成。

水利工程隧洞衬砌混凝土前验收鉴定书的具体内容示例如下。

工程名称
隧洞衬砌混凝土前验收

鉴 定 书

合同工程名称：（填写名称）
合 同 编 号：（填写合同编号）

隧洞衬砌混凝土前验收工作组
时间

工程名称
隧洞衬砌混凝土前验收

鉴 定 书

验收主持单位：（全称）
项 目 法 人：（全称）
项目管理单位：（全称）
设 计 单 位：（全称）
监 理 单 位：（全称）
施 工 单 位：（全称）
运行管理单位：（全称）
验 收 日 期：（时间）
验 收 地 点：（具体地点）

前　言

××××年××月××日，工程承建单位项目部“工程名称”隧洞洞挖、初期支护工作已完成，承包人通过自检合格。××××年××月××日，承包人提出申请，对水利工程隧洞衬砌混凝土前的主要内容进行验收，具体有：重要隐蔽工程验收；重要隐蔽单元工程验收；隧洞轴线和纵坡复测；隧洞衬砌混凝土前钢模台车进行验收；隧洞衬砌混凝土前拌和站进行启动验收；洞挖工程外观质量进行评定与验收；隧洞衬砌混凝土前联动试运行验收；隧洞衬砌混凝土前控制人员到位及履行职责验收等。

根据《水利水电建设工程验收规程》（SL 223—2008）、《水利水电工程施工质量检验与评定规程》（SL 176—2007）、《水利工程施工监理规范》（SL 288—2014）、施工合同文件、设计文件等有关规定，××××年××月××日，由监理机构、建管单位、设计单位、施工单位代表参加，成立水利工程隧洞衬砌混凝土前验收工作组，对水利工程隧洞衬砌混凝土前相关内容进行验收。

验收工作组召开预备会议，讨论并通过了验收大纲，听取承包人及工程参建相关单位的工作汇报，查看工程现场，查阅相关资料，经过分析和讨论，形成了《水利工程隧洞衬砌混凝土前验收鉴定书》。

一、合同项目概况

（一）工程名称及位置

工程名称：（全称）

工程位置：（具体位置）

（二）工程建设内容

具体内容。

（1）工程规模、等级及标准。

（2）主要设计参数与主要工程量。

1）设计参数。

2）主洞主要工程量。主洞完成的主要工程量列表。

（3）合同金额。

（三）工程建设有关单位

项目法人：（全称）

质量监督机构：（全称）

建管单位：（全称）

设计单位：（全称）

监理单位：（全称）

施工单位：（全称）

运行管理单位：（全称）

水利工程隧洞衬砌混凝土前验收的实际工程完成情况和主要工程量变化以及实际完成工程量与合同工程量对比列表。

二、设计和施工情况

（一）工程设计情况

（1）主要设计过程。

1）初设报告批复时间。

2）招标设计、施工图设计完成时间。

（二）施工情况

（1）合同开完工日期。

（2）主要项目内容。

1）重要隐蔽单元工程/关键部位单元工程（施工质量联合检验表）验收。

重要隐蔽工程、重要隐蔽单元工程（关键部位单元工程），具体验收情况列表。

验收结论：水利工程隧洞重要隐蔽单元工程/关键部位单元工程（施工质量联合检验表）已通过验收，技术指标符合设计及施工图纸要求。

2）水利工程隧洞洞挖初期支护轴线及纵坡复测验收。水利工程隧洞洞挖初期支护进行了分部工程划分，完成轴线及纵坡复测的验收工作，技术指标符合设计及施工图纸要求。

3）水利工程隧洞洞挖及初期支护工程外观质量评定验收。水利工程隧洞洞挖及初期支护进行了分部工程划分，完成全部单元工程外观质量评定的验收工作，技术指标符合设计及施工图纸要求，工程质量等级为合格。

4）水利工程隧洞衬砌混凝土前钢模台车验收。水利工程隧洞衬砌混凝土前钢模台车，按要求制作并安装完毕，刚性结构、基本尺寸、平整度检验、液压系统复核、电机行走系统检验等，均符合要求。

5）水利工程隧洞衬砌混凝土前拌和站系统启动验收。水利工程隧洞衬砌混凝土使用的拌和站系统的进料设备、称量设备、拌和设备等安装就位和启动验收，操作规程已制定，责任制明确，资料齐全，初步试验运转满足要求。

（三）施工措施

1. 洞室开挖

水利工程隧洞设计轮廓线包括：开口线、高程、坡度等。

水利工程隧洞断面控制参数：断面中心线、断面顶拱中心线、断面底板高程、掌子面桩号、轮廓线、两侧腰线平行线、钻孔爆破孔位标记等。

水利工程隧洞断面的变化发生在：围岩类别变化区域、支洞与主洞交汇洞段、不良地质洞段等。

(1) 使用仪器准确测放隧洞中心轴线、腰线和设计轮廓线，值班技术员依据测量点进行布孔，并进行标记。

(2) 水利工程隧洞断面周边孔外张有一定的角度，施工时按照布孔点钻孔，孔位偏移不得超过一定值。

1）钻孔。

2）装药爆破。

3）光面爆破要求。水利工程隧洞爆破开挖，满足光面爆破的具体要求。

4）通风散烟。

5）安全处理。

2. 开挖洞段初期支护

为确保爆破开挖洞室的稳定，在洞室开挖过程中，需对已开挖的洞室及时进行喷锚支护；若遇特殊洞段，结合隧洞永久支护的要求，针对不同类别围岩洞段，可采取必要的支护措施。

3. 支洞与主洞交叉段开挖

施工支洞与主洞交叉段，在该洞段开挖前，首先进行初期支护锁口；锁扣，采用支撑钢拱架、安装锁口锚杆、钻孔注浆、安装网片、喷射混凝土支护方式。

4. 不良地质洞段处理方式

(1) 超前固结处理。

(2) 超前支护。

5. 主洞出渣方法与主要施工机械设备

详列具体内容。

三、水利工程隧洞洞挖工程完成验收情况

（一）水利工程隧洞工程项目划分及质量评定

描述工程项目划分的具体情况。

水利洞挖工程完成的单元工程个数及经工程质量评定的具体情况列表。

（二）原材料及中间产品检验和抽检情况

原材料及中间产品检验和抽检情况列表。

（三）水利工程衬砌混凝土前相关项目完成及验收情况

(1) 重要隐蔽工程（施工质量联合检验表），验收内容已完成，通过承包人自评及监理机构检验，满足合格质量标准。

(2) 重要隐蔽单元工程/关键部位单元工程，验收内容已完成，通过承包人自评及联合验收，联合验收质量等级为合格。

(3) 水利工程隧洞初期支护工程外观质量，验收内容已完成，通过工程参建方代表组成的联合验收工作组验收，工作组验收质量标准为合格。

(4) 水利工程隧洞衬砌混凝土前使用的钢模台车，已完成出厂验收和现场组装，经承包人及监理机构现场测试，符合规范、设计及相关要求，验收工作组同意通过联合验收。

(5) 水利工程隧洞衬砌混凝土前拌和站系统，经设计校验、现场安装、场地硬化、材料分类、现场调试，符合拌和要求，具备启动验收条件，验收工作组同意通过联合验收。

(6) 水利工程隧洞衬砌混凝土前控制人员（项目部总负责人、现场负责人、各工序负责人、混凝土入仓调度员、上下联动联络人员）已到位，明确了岗位职责，经初步考核，能够履行相应的职责，验收工作组同意通过主要控制人员验收。

(7) 工艺性试验已进行，过程控制参数、基本工作原理、阶段控制目标已确定，验收工作组同意实施。

四、合同执行及结算情况

水利隧洞工程依据合同的规定制定了一系列规章制度，对工程质量、进度、资金控制、安全及文明施工情况进行了管理；工程质量、进度、投资、安全及文明施工管理，基本满足合同要求。

价款结算满足合同要求。

五、验收工作组的意见及存在的问题

（一）工程现场工作组验收意见及存在的问题

(1) 水利工程隧洞衬砌混凝土前：重要隐蔽工程已通过验收、重要隐蔽单元工程已评定和验收，水利工程隧洞轴线及纵坡已复核，水利工程隧洞衬砌混凝土前钢模台车通过验收，水利工程隧洞衬砌混凝土前拌和站通过了启动验收，水利工程隧洞洞挖初期支护工程外观质量进行了评定与验收，水利工程隧洞衬砌混凝土前整体联动开展了试运行，水利工程隧洞衬砌混凝土前主要控制及联动人员到位并履行职责；各工序验收符合设计，规范及相关要求。

（2）若局部存在不足，应及时完善。

（二）工程资料工作组验收意见及存在的问题

（1）水利工程隧洞衬砌混凝土前，承包人按规定组建了现场组织机构，建立了质量保证体系并且能够正常运行，制定了相应的规章制度和岗位职责。

（2）原材料及中间产品试验检验材料，施工设施设备的检验合格证，以及各工序验收证明材料等，应按规定提供，且符合相关要求。

（3）水利工程隧洞衬砌混凝土前，形成的文字、图纸、图表、记录、声像等资料，应按照相关要求进行整理、分类。

（4）验收资料齐全，同意通过验收。

（5）若存在问题，应提出建议并采取措施。

六、验收结论

水利工程隧洞衬砌混凝土前完成的工程质量合格，工程资料齐全，同意通过重要隐蔽工程验收、重要隐蔽单元工程评定与验收、水利工程隧洞洞挖轴线及纵坡复测验收、水利工程隧洞洞挖初期支护工程外观质量评定和验收、水利工程隧洞衬砌混凝土前钢模台车联合验收、水利工程隧洞衬砌混凝土前拌和站启动验收、水利工程隧洞衬砌混凝土前整体联动试运行验收、水利工程隧洞衬砌混凝土前控制人员到位及履行职责验收、水利工程隧洞衬砌混凝土前工艺性试验。

验收工作组同意通过该隧洞衬砌混凝土前验收，工程质量合格。

七、建议

（一）工程现场工作组验收建议

提出具体意见，并建议采取措施。

（二）工程资料工作组验收建议

提出具体意见，并建议采取措施。

2.5.2 水利工程隧洞衬砌混凝土前验收工作组成员签字表

水利工程隧洞衬砌混凝土前验收完成后，按规定履行签字手续，水利工程衬砌混凝土前验收工作组成员签字。

2.5.3 水利工程隧洞衬砌混凝土前验收提供的资料

水利工程隧洞衬砌混凝土前验收提供的资料见表 2.14。

表 2.14 水利工程隧洞衬砌混凝土前验收提供的资料

序号	项目名称	主要内容
1	隧洞衬砌混凝土前技术交底资料	(1) 设计文件、施工图纸、规程、规范及其他规定。 (2) 技术参数、设计指标、过程注意事项。 (3) “三检制”、旁站记录、过程资料及施工记录。 (4) 试验检测、取样试验，缺陷备案制度、缺陷处理制度。 (5) 交底人员、接受人员、现场技术员、施工员等职责。 (6) 模板检查、振捣器检查、效果检验。 (7) 水利工程建设标准强制性条文规定、现场检查落实。 (8) 工程外观质量评定与验收。 (9) 重要隐蔽单元工程或关键部位单元工程联合验收。 (10) 衬砌混凝土单元工程质量评定与验收
2	衬砌混凝土前检查涉及的基本内容	(1) 隧洞洞挖、初期支护的基本尺寸；隧洞洞挖中心轴线、拱顶控制点及边墙主要控制尺寸；洞底宽度与高程。 (2) 隧洞洞段边墙桩号位置及基本尺寸、衬砌位置、预埋件及止水带安装位置等。 (3) 隧洞混凝土衬砌试验段位置，试验段目的及要求，试验段结果分析，后续隧洞混凝土衬砌工作
3	混凝土拌和系统检查验收资料内容	(1) 混凝土拌和系统组成。 (2) 混凝土拌和能力与现场施工需求。 (3) 衬砌混凝土操作人员从业资格及培训情况。 (4) 设备检验合格证。 (5) 工艺流程、规章制度、操作规程。 (6) 质量保证体系及保证措施。 (7) 衬砌混凝土现场作业人员的岗位职责。 (8) 工艺试验、阶段验收等证明资料

续表

序号	项目名称	主要内容
4	衬砌混凝土钢模台车检查验收资料内容	(1) 衬砌混凝土钢模台车顶拱、边墙及底部的主要尺寸与设计对比情况；钢模台车型钢技术指标、横梁与纵梁刚度指标、外模平整度要求等。 (2) 衬砌混凝土钢模台车进料口、振捣器布置、总体尺寸、两端止水带位置设置、施工中可能出现的情况等。 (3) 衬砌混凝土钢模台车技术要求、操作手册、工艺流程、规章制度。 (4) 各种试验检验报告资料等
5	衬砌混凝土及过程控制情况内容	(1) 混凝土衬砌过程控制、施工日志、施工日记等。 (2) 衬砌混凝土脱模后养护及成品保护等。 (3) 隧洞工程外观质量检验与评定；衬砌混凝土裂缝、蜂窝、麻面的统计分析；水利工程建设标准强制性条文的执行情况；隧洞工程总体质量评价及确认。 (4) 试验检验证明。 (5) 工程单元工程质量评定、验收及支撑性资料。 (6) 检验、试验、工程报验及附件材料（照片、录像或其他声像资料）
6	控制人员检查内容	(1) 衬砌混凝土控制人员配置、安排、数量。 (2) 衬砌混凝土控制人员的经历、能力、操作水平等。 (3) 衬砌混凝土试运行过程中的履行职责情况，以及需要调整和完善情况

第3章

质量管理基本机理

3.1 特征、参数及功能

3.1.1 特征

工程简述及特征。

3.1.2 参数

设计具体要求及相关参数指标。

3.1.3 功能、效益及用途

实现输水与供水，满足特定的功能，取得一定的效益。

3.2 基本知识与要求

3.2.1 现场业务工作内容

（1）每月需按时填写及提交的资料如下。

1）日记。主要包括施工内容、施工人员、施工设备、材料设备进场、试验情况、承包人和项目部对现场安全质量文明施工的检查情况、现场存在的问题及相关偶然性事件（如抽排水、停电、发电、领导检查）等。

2）旁站值班记录。主要包括：施工部位、人员、设备、使用材料、施工过程描述、检查检测、问题整改等。

3）巡视记录。巡视记录要求全面，涵盖现场施工的全部。重点涉及：安全、质量、文明施工、冬季施工、汛期施工等内容。

4）施工安全、质量、文明施工现场检查。做到：检查部位、人员、施工作业环境、施工条件、危险品及危险源的安全情况、施工质量情况、缺陷修复情况、文明施工的设备设施及标志标牌等内容全面。

5）水利工程隧洞衬砌混凝土前安全风险点监督检查：按规定填写。

6）现场施工声像资料：符合要求，并整理归档。

（2）其他资料。

1）工程现场书面指示：按要求签发。

2）其他随机资料：按规定编制。

3.2.2 施工图纸解析

（1）断面图。对断面图进行详细说明。

（2）配筋图。对配筋图进行详细说明并附上钢筋表。

3.2.3 隧洞衬砌混凝土方案重点解析

对隧洞衬砌混凝土进行详细解析。

3.3 现场工作重点

3.3.1 现场概述

（1）水利工程隧洞衬砌混凝土现场监督检查工作如下。

1）水利工程隧洞衬砌混凝土前，监督检查及验收工作包括：

重要隐蔽工程验收；重要隐蔽单元工程联合验收；隧洞洞挖初期支护中心轴线、纵坡复测验收；隧洞洞挖初期支护工程外观质量评定与验收；隧洞衬砌混凝土前钢模台车就位及调试验收；隧洞衬砌混凝土前拌和站启动验收；混凝土拌和物运输及整体联动试运行验收；隧洞衬砌混凝土前控制人员到位及职责履行验收等。

2）隧洞衬砌混凝土前申请报验：承包人以书面形式提交机械设备进场报验、原材料进场报验、自检试验报告报验、施工使用相关表格报验等。

3）检查、确认施工准备情况。

4）检查并记录施工工艺、施工程序等实施过程的情况。

5）对隧洞衬砌混凝土的全过程及重点环节，进行旁站监督。

6）隧洞衬砌混凝土过程中，监督检查人员采取认真、真实、客观的态度，依据规程、规范、设计的相关要求核实、确认现场工程量。

7）监督检查现场安全施工和文明施工情况，发现异常现象或不规范行为，及时纠正。

8）监督检查施工日志填写、现场试验报验、现场检测统计分析等。

9）核实工序质量评定情况，检查原始记录的完整、真实情况。

（2）隧洞衬砌混凝土质量控制工作解析（按照工序质量评定排序）。

1）建基面。隧洞洞段为基岩洞段时，应从3个方面进行质量控制：①检查是否有松动的岩块；②检查是否存在渗漏水现象；③建基面是否存在积水、杂物等，是否满足干净及承载力要求。

2）施工缝。掌握施工缝与伸缩缝的区别。了解施工缝在后续施工前是否凿毛，施工缝凿毛处理是否符合无乳、毛面、微露粗砂的基本要求，是否符合验收标准的要求。

3）模板工程。隧洞衬砌混凝土使用的刚性模板或钢模台车从9个方面进行质量控制：①是否对模板的稳定性、刚度、强度进行验算；②钢模台车的底面标高是否符合规范要求；③模板中心轴线位置是否处于要求高度；④侧墙垂直度是否符合要求；⑤模板边线与设计边线的允许偏差是否符合要求；⑥相邻模板错台是否处于允许范围；⑦隧洞衬砌混凝土外表平整度是否符合要求；⑧模板外表面缝隙的允许偏差是否符合要求；⑨模板接触混凝土表面是否符合要求。

4）钢筋制安。钢筋制安从4个方面进行质量控制：①钢筋的数量、规格尺寸及安装位置是否符合要求；②钢筋绑扎搭接是否规范规定；③钢筋间距和排距是否符合设计要求；④钢筋保护层厚度的偏差值是否符合要求。

5）止水材料。止水材料从4个方面进行质量控制：①橡胶止水带的外表面是否符合要求；②橡胶止水带搭接长度是否符合规定；③接头处理是否符合要求；④止水带长度是否符合要求。

6）伸缩缝填充材料。伸缩缝填充材料从两个方面进行质量控制：①伸缩缝缝面及位置是否符合要求；②缝面粘接是否符合要求。

7）回填灌浆孔预设。检查是否预留灌浆孔，孔的位置设置是否符合要求。

8）混凝土浇筑。从8个方面进行质量控制：①在隧洞混凝土浇筑前，是否按规定铺设水泥砂浆；②入仓混凝土拌和物是否符合批复的配合比要求；③底板及矮边墙混凝土拌和物是否分层浇筑与振捣，振捣次数是否符合要求；④混凝土浇筑间歇时间是否符合要求；⑤混凝土浇筑时的温度是否符合规定；⑥混凝土浇筑过程中是否出现泌水现象；⑦脱模时间是否符合要求；⑧衬砌混凝土的养护是否符合要求。

9）隧洞衬砌混凝土外观质量评定。从3个方面进行质量控制：①隧洞衬砌混凝土脱模后，表面平整度是否符合要求；②混凝土衬砌完成后，结构断面尺寸是否符合设计要求；③衬砌混凝土表面是否符合要求，是否发生缺损、蜂窝麻面、孔洞、错台、跑模、掉角、裂缝等缺陷，其他是否符合要求。

（3）水利工程隧洞衬砌混凝土要点。

1）原材料：钢筋、水泥、外加剂等，按规定进行检查。

2）隧洞衬砌混凝土：对混凝土拌制、现场试配、过程检查、运输、仓面验收等进行全面检查。

（4）试验检验与检测。

1）原材料及中间产品试验检验。原材料及中间产品试验检验情况列表。

2）混凝土施工过程中试验检测包括7项内容：①坍落度试验标准值现场确定，坍落度试验检测符合要求；②含气量试验标准值符合要求；③每仓混凝土浇筑过程中，试验室按要求，现场取标准试块一组3块，尺寸为标准值，该试块在标准养护室中养护；④砂、小石的表面含水率，符合要求，雨雪天气等特殊情况应加密检测；⑤骨料的超逊径、含泥量，检测符合要求；⑥外加剂溶液的浓度，按规定检测，必要时检测减水剂溶液的减水率；⑦混凝土拌和站的计量器具，定期（每月不少于1次）检验校正，必要时随时抽检；混凝土拌制过程中，每班称量前，应对称量设备进行零点校验。

（5）隧洞衬砌混凝土质量审签工作流程。隧洞衬砌混凝土单元工程施工质量验收评定表共涉及6项施工工序，分别为：①基础面/施工缝处理；②模板制作及安装；③钢筋制作及安装；④预埋件（止水带、伸缩缝等）制作及安装；⑤混凝土浇筑（含养护、脱模）；⑥外观质量检查等。每项工序审核均应签证。

（6）原材料、设备进场检验。

1）需提供原材料进场报验单的质量证明文件、外观验收检查表、工地试验室对材料进行试验检验合格报告等。

2）施工设备进场报验。新设备需提供进场施工设备照片、进场施工设备生产许可证、进场施工设备产品合格证（特种设备应提供安全检定证书）、操作人员资格证等。

（7）避车洞封堵。隧洞混凝土衬砌至避车洞时，避车洞按规定进行封堵。

（8）施工安全。现场监督检查施工安全人员的职责和权限如下。

1）督促施工单位对作业人员进行安全交底，监督各工区按照批准的施工方案组织施工，检查各工区安全技术措施的落实情况，及时阻止违规作业。

2）定期和不定期巡视检查施工过程中危险及危险性较大的工序作业情况。

3）定期和不定期巡视检查施工单位的用电安全、消防措施、危险品管理和场内交通管理等情况。

4）定期和不定期检查施工现场机械设备检修、维护、日常保养等情况，将隐患消灭在萌芽状态。

5）检查各工区各专项安全施工方案中防护措施和应急措施的落实情况。

6）检查施工现场安全标志和安全防护措施是否符合相关规定，是否满足相关要求。

7）督促各工区安全负责人进行安全自查工作，并对施工单位自查情况进行统计分析。

8）参加建管单位和有关部门组织的安全生产专项检查。

9）检查灾害应急救助物资和器材的配备情况。

10）检查施工单位安全防护用品的配备情况。

11）现场监督检查人员发现施工安全隐患时，应要求施工单位立即整改；必要时，可指示施工单位暂停施工，并及时向相关部门报告。

（9）文明施工。

1）定期或不定期检查各工区文明施工的执行情况，并监督施工单位通过自查和改进，完善文明施工管理。

2）督促施工单位开展文明施工的宣传和教育工作，并督促施工单位积极配合当地政府和居民，共建文明、和谐、宜居环境。

3）监督检查施工单位，落实合同约定的施工现场、环境科学管理工作。

3.3.2 主要工作流程及重点

（1）原材料及加工厂。

1）提供原材料检验合格证明材料，划分原材料堆放区域。

2）重点：监督检查原材料分区及堆放的合理性。

（2）混凝土配合比。

1）提供混凝土试验配合比。

2）重点：监督检查配合比试验报告。

（3）混凝土拌和站。

1）提供混凝土拌和站设置的合理性及工作环境分析资料，提供主要仪器和设施设备检验合格报告，提供混凝土拌和站检验、调试合格证明材料等。

2）重点：监督检查混凝土拌和站自动存储及输入系统。

（4）隧洞衬砌混凝土钢模台车。

1）提供隧洞衬砌混凝土钢模台车设计图和结构计算值，提供隧洞衬砌混凝土钢模台车承压强度计算过程资料，提供出厂检验合格证明材料，提供主要设备检验合格报告，提供钢模台车外模板表面平整度检验证明材料等。

2）重点：监督检查隧洞衬砌混凝土钢模台车整体情况。

（5）隧洞洞挖超欠挖检测与处理。

1）隧洞洞挖初期支护过程中，设定基准点、转点，确定基准基线，设置激光定位装置。

2）重点：监督检查隧洞洞挖及初期支护情况。

（6）重要隐蔽单元工程验收。

1）依据工程项目划分，提供重要隐蔽单元工程分布、施工及验收准备情况；成立联合验收小组，进行现场检查，了解地质描述及编录，检查测量检测等情况。

2）重点：监督检查重要隐蔽单元工程验收情况。

（7）建基面。

1）依据设计要求及规范规定，明确建基面的具体标准。

2）重点：监督检查建基面验收情况。

（8）钢筋制安。

1）提供钢筋制安的具体要求，提供隧洞衬砌混凝土设计施工详图，提供钢筋不同型号检验合格证明材料。

2）重点：监督检查钢筋制安的具体情况。

（9）混凝土浇筑。

1）混凝土浇筑过程中，提供混凝土拌和配料系统验收情况，提供现场混凝土试验配合比情况，提供混凝土拌和站启功验收情况，提供混凝土拌和物运输、中间检查、入仓情况，提供混凝土衬砌钢模台车再次检查情况，提供振动器设置校验情况，提供隧洞衬砌混凝土脱模后养护时间及外观质量检验情况。

2）监督检查混凝土浇筑过程保证情况包括：①监督检查混凝土配合比自动配置功能；②监督检查拌和站拌和物符合情况；③监督检查混凝土拌和物运输情况；④监督检查衬砌混凝土钢模台车情况；⑤监督检查附着式振捣器设置情况。

3.4 质量管理重点

水利工程混凝土衬砌技术在水利工程中有广泛的应用。在隧洞施工工程中，只有做好隧洞混凝土的衬砌工作，才能保证隧洞工程质量，进而确保隧洞整体工程正常运行，并发挥应有的作用。

影响水利工程隧洞衬砌混凝土质量的因素众多，难度较大，在具体实施时，应综合考虑，重点把握，难点突破。

水利工程隧洞衬砌混凝土前质量管理，在做好相关要求的前提下，重点把握：规章制度编制、质量体系建立健全、原材料试验检验、粗细骨料检查、设备报验、外加剂检验、配合比试验、拌和站启动验收、洞挖超欠挖处理、避车洞封堵、不良地质洞段处理、建基面验收、重要隐蔽工程验收、重要隐蔽单元工程联合验收、钢筋数量确定、钢筋直径检查、钢筋间距和排距检验、钢筋保护层厚度控制、混凝土浇筑过程及关键点的监控、衬砌混凝土厚度的保证、衬砌混凝土实体脱空与空洞的消除、衬砌混凝土实体强度的验证、衬砌混凝土实体渗水情况的防治、衬砌混凝土实体的养护、衬砌混凝土的外观质量检验与评定、隧洞衬砌混凝土质量保证措施等。

第4章 质量管理存在问题的研究及主体条件

4.1 质量管理存在问题的汇总、分析及对策

4.1.1 质量管理中存在问题汇总

水利工程隧洞衬砌混凝土质量管理中，难免出现问题。当问题出现后，应立即汇总、分析，并采取必要的措施。在隧洞衬砌混凝土质量管理中，应将存在的问题汇总列表。

4.1.2 质量管理中存在问题分析及对策

1. 隧洞衬砌混凝土过程中常见质量问题汇总、分析、对策

（1）在隧洞衬砌混凝土过程中，出现问题较多的工序主要有：清基处理不到位、超欠挖处理不符合要求、混凝土浇筑工艺执行不严格、衬砌钢模台车安装调试不到位、衬砌混凝土外观质量欠佳、冬季混凝土施工措施落实不够等。

（2）原因分析。

1）施工单位现场管理人员不足。

2）现场管理人员责任心不强。

（3）研究对策。

1）依据合同约定，增加符合要求的施工管理人员。

2）制定岗位责任制，建立惩罚机制。

2. 隧洞衬砌混凝土过程中较少出现质量问题的汇总、分析、对策

（1）施工现场问题出现频次较少，涉及的工序主要有：隧洞钢筋制安时定位钢筋偏少、架立筋局部超标、施工区废料未及时清理等。

（2）原因分析。

1）现场工区长、施工员，对隧洞衬砌混凝土过程中的钢筋制安认识不到位，不理解设计对钢筋制安的要求，不能正确理解设计配筋、定位筋、架立筋的具体关系。

2）在现场施工点，材料加工的废料、施工过程中的弃渣、不能及时清除，究其原因，主要是管理人员责任心不强、施工员和劳务人员未尽其责所致。

（3）研究对策。

1）加强业务学习和技能培训，提高技术水平和业务能力；同时深刻理解设计施工图纸的具体要求，明确钢筋制安的具体规定。

2）采取措施，制定预案。

3. 隧洞衬砌混凝土过程中偶然出现质量问题的汇总、分析、对策

（1）施工工区及施工点的机械设备出现故障，现场劳务人员生病等。

（2）原因分析。

1）施工机械保养工作滞后，设备维修不及时。

2）对现场施工及劳务人员的健康状况了解不够，未能准确掌握现场施工及劳务人员的健康状况。

（3）研究对策。

1）从机械设备采购、维修、保养等方面加强管理和责任分工。具体做到：机械设备采购有可靠的质量保障，机械设备维修、保养不留死角。

2）建立健全规章制度，采取措施狠抓落实。

3）制订应急预案。

4.2 质量管理主体应具备的条件

4.2.1 质量管理主体

1. 工程建设主体

水利工程隧洞衬砌混凝土建设主体指工程建设方。

2. 工程质量的监督主体

工程质量的监督主体是指：依据相关要求对工程质量进行监督、检查的相关单位。

4.2.2 现场项目部应具备的条件

1. 组织机构、人员安排情况

（1）现场组织机构的设置。建立现场组织机构，制定相应岗位职责。

1）组织机构中的重点要求。施工单位现场组织机构中，重点体现：项目经理、技术负责人、质量负责人、安全负责人、各工区长、各现场工区施工员的职责。

2）对人员的具体要求。现场组织机构配备人员的资质、业绩、工作能力等，应与招投标文件要求相适应，与现场施工相吻合。

（2）施工单位项目部人员的具体要求。

1）水利工程隧洞衬砌混凝土的重要性。水利工程隧洞衬砌混凝土质量保证，关键在于现场施工人员的安排，施工设备的配置；所以在具体实施过程中，现场施工人员安排是第一位的，施工设备的配置是必要的，并且应在具体工作中加以落实。

2）现场项目部主要人员的具体要求。施工单位组织机构的主要管理人员应明确负责具体洞段，定期或不定期检查现场工作，并常驻施工一线。

3）信息汇总和问题反馈。通过现场检查指出存在的问题对收集的问题进行分类、整理、分析，研究制定对策。

2. 混凝土浇筑的具体要求

(1) 总体要求。施工单位现场组织机构，应根据现场准备情况，提出混凝土开仓申请，办理混凝土浇筑开仓许可证；在混凝土浇筑过程中做到程序化、规范化、标准化。

(2) 具体要求。混凝土浇筑时，明确混凝土浇筑的具体要求，熟练掌握设计要求和规范规定。

(3) 混凝土浇筑的过程总结。隧洞衬砌混凝土完成后，及时采集相关数据，进行科学分析。

3. “三检制”的具体落实

(1) 混凝土浇筑“三检制”的要求。

依据合同约定，根据工程建设需要，严格执行“三检制”。

(2) 混凝土浇筑“三检制”的具体落实。

施工单位现场组织机构，在混凝土浇筑过程中，按照“三检制”的要求，做到：“初检”“复检”在施工中进行，“终检”检查与现场监督检查相结合。实现：“三检制”从工序开始，在过程中把控。

(3) 混凝土浇筑落实“三检制”的总结。隧洞衬砌混凝土执行“三检制”后，及时进行总结、分析和提高。明确：执行“三检制”是为了保证混凝土浇筑质量，提高混凝土浇筑管理能力，更好地服务于工程施工。

4.2.3 监督机构对现场施工主体的要求

1. 监督检查现场组织机构的设置

督促施工单位成立现场组织机构，配备相关人员，明确职责，建立健全各项规章制度，指导隧洞衬砌混凝土工作。

2. 督促落实分工安排

在现场组织机构中，不同的人员有不同的工作安排，同时明确不同的岗位职责；监督机构根据具体分工安排和岗位职责，督促落实。

第5章

质量管理常见问题的防治

5.1 常见问题的发生及主要表现方面

5.1.1 常见问题的发生

水利工程隧洞衬砌混凝土质量问题，是在过程中形成，在管理薄弱环节出现。

5.1.2 表现的主要方面

在水利工程隧洞衬砌混凝土过程中，施工质量问题主要发生在：隧洞洞挖及初期支护、建基面处理、钢筋制作与安装、止水及预埋件安装、模板制作与安装、混凝土浇筑、衬砌混凝土外观质量及伸缩缝处理、隧洞衬砌混凝土回填灌浆及固结灌浆等方面。

5.2 常见质量问题分析及防治

5.2.1 初期支护断面质量检查及基面处理

（1）初期支护侵占混凝土衬砌断面。

1）表现形式。①隧洞洞挖初期支护的轮廓线与设计轮廓线不一致，局部侵入混凝土衬砌设计断面，造成混凝土衬砌厚度不足，衬砌混凝土钢筋难以布置，钢筋排距不符合设计要求；②隧洞洞挖初支后，洞壁一侧存在较大范围的欠挖体，洞壁另一侧则出现超挖严重，隧洞中心轴线两侧岩体分布不均，不能满足设计要求；③隧洞洞底未开挖至设计高程，顶拱部位存在较大超挖。

2）主要原因。①隧洞洞挖初期支护施工前，未对欠挖部位进行处理；②在隧洞洞挖过程中，爆破放样不准确，未及时对隧洞开挖中心轴线进行纠偏；③隧洞洞挖高程，控制不到位。

3）防治措施及要点。①在隧洞衬砌混凝土前，督促施工单位测量人员采用全站仪对隧洞初期支护断面进行测量，发现侵限部位及时处理；②隧洞洞挖时，在超欠挖处理完成后，测量工程师对初期支护断面进行复测和验收，并签署具体意见；③隧洞爆破开挖时，严格按照爆破设计间距与数量钻孔，准确放样，科学钻孔；在钻孔过程中，重点检查周边孔的位置以及周边孔钻孔的角度；为使隧洞爆破效果处于良好的状态，在隧洞爆破开挖时，依据不同地质岩性，动态调整爆破参数；定期符合施工导线，每次爆破循环后，均应准确检查：放样、钻孔具体位置，装药数量，检测具体的爆破效果；当地质围岩在爆破开挖过程中出现较大变形时，应依据设计要求，根据实际检测数据，预留必要的变形量，保证隧洞衬砌混凝土断面符合要求。

（2）隧洞超挖部位回填处理不规范。

1）表现形式。在隧洞洞挖过程中，洞壁侧墙局部超挖区域采用片石回填，或采用隧洞底部石渣，装入编织袋，填塞洞壁超挖区域。采取上述不规范回填后，致使混凝土衬砌与隧洞初期支护结合不密实，在隧洞初期支护与混凝土衬砌之间，出现一层松散的软弱夹层，影响衬砌混凝土的整体稳定性，不能满足规范及设计要求。

2）主要原因。①对隧洞混凝土衬砌与洞挖初期支护结合不密实的危害性认识不足，对设计要求理解不到位，对规范规定执行不严格；②隧洞爆破开挖时，断面控制不到位；③在隧洞洞挖过程中，对超挖较大部位，未按要求，采用混凝土回填；

3）防治措施及要点。①现场监督人员严格检查隧洞洞挖超挖部位，该部位符合规范及设计要求后，才允许进入后续施工；②在隧洞洞挖过程中，施工单位按要求施工，监督机构重点检查隧洞洞壁的超挖与回填；③强化施工现场质量管理，采取措施，提高作业人员的质量意识。

（3）基面处理不符合设计及规范要求。

1）表现形式。①隧洞底部基础未清理干净，表面形式为积渣、积水、存在杂物等；②基面存在渗水点，影响混凝土施工质量。

2）主要原因。①施工现场作业人员，对基础面处理的重要性认识不足；②基坑排水不及时，渗水点未采取封堵、引排水处理。

3）防治措施及要点。①彻底清除基础面的虚渣、杂物，及时处理基坑积水；②隧洞混凝土衬砌前，将基础仓面的渗水引排和封堵，保证混凝土施工质量。

（4）避车洞封堵不符合设计要求，封堵不规范。

1）表现形式。①依据设计要求，采用浆砌石挡墙砌筑时，水泥砂浆坐浆不饱满；浆砌石砌筑过程中控制不严格，致使水泥砂浆强度不符合要求；②避车洞内部充填不密实，填充物不符合要求；③避车洞封堵结束后，未按设计要求进行水泥灌浆处理，局部存在脱空现象。

2）主要原因。①施工单位未严格按照设计要求进行避车洞封堵；②施工单位质量意识薄弱，执行规范要求不严格。

3）防治措施及要点。①施工单位严格按照批复的避车洞封堵方案进行施工，加强现场施工质量管理，留存相关施工记录、影像资料；②监督机构加强对避车洞封堵作业的监管，在避车洞封堵过程中，当发现不规范及不符合要求时，及时采取有效措施，立即整改。

5.2.2 钢筋制作与安装

（1）钢筋表面出现浮锈、色锈，局部附着杂物。

1）表现形式。钢筋表面不洁净，表面存在泥浆、污物、油渍、浮锈皮等现象。

2）主要原因。①钢筋存储时间过久，特别是露天无序堆放，钢筋氧化锈蚀严重；②钢筋存放场地过低，未按要求采取“下垫上盖”及引排水等措施，致使钢筋表面污染、锈蚀严重。

3）防止措施及要点。①在钢筋存放、转运过程中，科学管理，采取有效的防护措施，防止泥土、油料污染钢筋；②钢筋存储点宜设置顶棚；钢筋露天存放时，必须采取“下垫上盖”措施，同时四周设置排水系统；③使用的钢筋应先入库后使用，以降低钢筋表面的氧化程度；钢筋加工之前，应全面检查，发现钢筋表面存在锈皮、油渍、污物等时，立即清除；④钢筋与其他材料分区储存，各种型号的钢筋材及半成品应分类存放。

（2）钢筋布置不规范。

1）表现形式。①隧洞衬砌混凝土钢筋制安，设计为双层钢筋，在具体实施过程中，因心存侥幸，或偷工减料，导致隧洞衬砌混凝土为单层钢筋或素混凝土，或衬砌混凝土分仓端头未布设钢筋等；②在钢筋制安过程中，钢筋布置不合理。如：定位钢筋设置不到位；或内外层钢筋排距小于设计要求值，甚至叠加在一起；或内层钢筋置于衬砌截面中间；或钢筋布置混乱等；③钢筋间距和排距超过规范允许偏差值（±0.1倍）；④在钢筋制安过程中，纵向分布钢筋间距过大，甚至未设置。

2）主要原因。①在钢筋制安过程中，施工人员偷工减料，质量意识淡薄；②降低工序施工管理，盲目追求施工进度；③钢筋安装不符合要求，检查验收不严格；④岩石基面、初期支护侵占钢筋安装空间，钢筋不能正确布设；⑤在钢筋安装过程中，未设置定位钢筋，内外层钢筋之间缺少定位筋，导致内外层钢筋间距过小或层叠在一起；⑥在钢筋安装过程中，定位钢筋位置、数量、截面尺寸等不符合设计要求；钢筋安装后，未固定牢固；或定位钢筋绑扎、焊接松脱、开裂；⑦在钢筋制安过程中，环向钢筋与分布钢筋绑扎后，未对其间距进行调整；⑧在隧洞衬砌混凝土过程中，底板或矮边墙预留钢筋排距不足，或位置偏差较大，未及时纠偏；⑨钢筋与预埋件位置设置不正确，相互干扰。

3）防治措施及要点。①在钢筋安装过程中，设置定位筋，采取固定措施；定位钢筋的数量、强度、牢固性等，应满足施工需要和设计要求；②受力钢筋绑扎后，应进行间距、位置调整，及时纠偏；③在隧洞衬砌混凝土前，应完成隧洞欠挖部位检查及处理工作；④钢筋安装后，严格执行检查验收程序；⑤合理设置预埋件位置，当预埋件与钢筋布设发生冲突时，在保证受力钢筋符合要求的前提下，预埋件局部进行调整；⑥加强过程监管和实体质量检测，杜绝偷工减料行为。

（3）钢筋连接不规范。

1）表现形式。①钢筋焊接质量差，主要表现为：焊缝长度不足；焊缝表面宽窄不一、凹凸不平；焊缝夹渣、焊瘤、咬边现象等；②钢筋焊接接头位于同一截面，钢筋接头数量超过规范规定；③钢筋绑扎不牢，搭接绑扎接头长度不足，绑扎接头松脱，绑扎接头偏心或弯折。

2）主要原因。①钢筋焊接前，未在钢筋上做焊接长度标记；钢筋焊接参数不符合要求，焊接过程中突然灭弧；钢筋焊接电流过小，钢筋铁锈等杂物或焊接熔渣进入焊缝；钢筋立焊时，电流过大，电弧过长，运弧不稳；钢筋焊条和焊接机具选择不当；②钢筋焊接工未经过专职教育、培训和考试，钢筋焊接工未取得上岗证；③钢筋加工时，未按规范和设计要求加工；④在钢筋制安过程中，未按钢筋结构要求，在受拉区或受压区未分别按照钢筋绑扎搭接长度要求进行加工，或者绑扎钢筋的铅丝硬度过大或粗细不当、扎扣形式不正确等。

3）防治措施及要点。①钢筋焊接前，应按照规范要求在钢筋适当位置做好搭接长度标记。在钢筋焊接过程中，根据焊接位置、钢筋直径、焊缝型式等选择焊接电流参数。在钢筋焊接过程中，不应突然灭弧；或在收弧时应填满弧坑。在钢筋焊接过程中，选择合适的焊条和电焊机，选择适宜的焊接场所对具体操作人员进行培训和教育，做到钢筋材料符合要求，焊接设备有效，焊接场所具备要求，焊接人员持证上岗；②在钢筋制安过程中，分别针对构件受拉区和（或）受压区科学加工，按照规范规定，严格控制同截面钢筋接头数量；③在钢筋绑扎过程中，依据隧洞结构位置要求，选择适当的桩号位置和钢筋绑扎长度；在钢筋制安过程中，固定受力筋与架立筋时选择合理的铅丝规格、型号、硬度，采用科学的绑扎形式，牢固绑扎。

（4）钢筋保护层厚度超标或不足。

1）表现形式。①钢筋保护层厚度超标，超出设计要求值2倍以上；②钢筋保护层不足，脱模后漏筋。

2）主要原因。①在钢筋制安过程中，施工人员偷工减料；②钢筋制安过程中，未设置定位钢筋或定位筋密度不足；③钢筋的测量放样值有误；④在混凝土浇筑过程中钢筋错位、变形；⑤未安装钢筋保护层垫块，或垫块固定绑扎不牢、布置密度不足、位置不准确等。

3）防治措施及要点。①在钢筋制安过程中，定位钢筋的数量、位置、刚度、焊接、绑扎等应满足整体钢筋布设的要求；②根据设计要求，制作保护层厚度预制垫块，不允许使用石渣等材料代替垫块；垫块布置密度应满足施工要求。

（5）混凝土浇筑过程中钢筋错位、变形。

1）表现形式。①钢筋保护层变小，甚至露筋；②钢筋网片整体或局部错位变形。

2）主要原因。①在钢筋制安过程中，主要表现为：定位筋、支撑筋数量不够；个别定位筋、支撑筋、骨架钢筋绑扎点松脱或焊点脱焊；垫块数量不足，个别垫块移位失效；②受混凝土拌和物进料、振捣器等设备冲击，或人为移动钢筋位置，钢筋制安保护不到位；③隧洞衬砌混凝土钢模台车的底部模板下沉，模板整体变形。

3）防治措施及要点。①混凝土浇筑前，检查定位钢筋和垫块的数量、位置等，做到垫块固定牢固，同时与受力钢筋绑扎；检查定位钢筋、支撑钢筋、骨架钢筋绑扎点及焊点，施工牢固，不符合要求时重新加固；检查易变形的钢筋网架，应增加联系筋；检查混凝土衬砌钢模台车的底部模板支撑数量、位置，底部模板和模板支撑的刚度应满足要求；②在混凝土浇筑中，发现定位钢筋、支撑钢筋、骨架钢筋绑扎点及焊点松脱时，应及时扶正加固；另外，加强钢筋网片保护，在混凝土拌和物进料过程中，防止钢筋网片变形；在混凝土浇筑过程中，避免振捣器或其他设备直接冲击钢筋网片。

5.2.3 止水材料及预埋件安装

(1) 止水材料破损、老化、污染。

1) 表现形式。橡胶止水带表面不光洁、不平整，止水材料表面存在水泥砂浆浮皮、浮锈、油漆等污物；金属止水材料存在砂眼、钉孔。

2) 主要原因。①在止水材料的制作、存放、运输过程中，止水材料受到污染、外力不均匀挤压碰撞、钝器敲击等影响；②金属止水材料加工和操作不当；③橡胶止水带，保存不当老化。

3) 防治措施。①止水材料安装前，将表面的水泥砂浆、浮皮、浮锈等污物清除干净；在制作、存放、运输等过程中应注意加强保护，防止扭曲、变形；②金属止水材料加工时，采用精确度较高的压模机压制成型；严禁使用钝器、锥器敲击；金属材料发生砂眼、钉孔时，采用氧气焊补，确保符合要求；③橡胶止水带应加强保护，避免污染和暴晒，防止破损和老化。

(2) 止水带连接不规范或破损。

1) 表现形式。①止水带未粘接或焊接；②止水带搭接长度不足；③止水带破损。

2) 主要原因。①技术交底不到位，未按作业指导书的要求，开展工作；②采用水泥钉固定或采用铁丝悬挂止水带，致使止水带破损。

3) 防治措施。①加强现场施工作业人员技术交底和质量意识教育；②按照作业指导书进行安装，加强过程检查，杜绝穿孔固定或采用铁丝悬挂止水带现象的发生；③在混凝土浇筑过程中，加强止水带的保护。

(3) 止水带安装位置不正确。

1）表现形式。①止水带安装方法不正确，位置不准确；②止水带“牛鼻子”不居中，偏离伸缩缝；③止水带的安装偏离设计要求。

2）主要原因。①止水带安装工艺不正确，辅助措施不到位；②止水带固定不牢，混凝土浇筑时位置偏移；③止水带定位、保护措施不到位。

3）防治措施。①止水带应使用钢筋卡与挡头模板共同固定，固定位置满足要求；②钢筋卡间距和强度，保证止水带在混凝土浇筑过程中不偏移、扭曲；③挡头模板应整体加工牢靠，在混凝土浇筑过程中，止水带不移位。

5.2.4 模板制作与安装

（1）模板表面不平整、不光洁。

1）表现形式。①隧洞衬砌混凝土使用的钢模台车表面，黏结水泥浆或其他油污等；②隧洞衬砌混凝土使用的钢模台车外模板表面平整度不符合规范及设计图纸要求。

2）主要原因。①钢模台车表面的泥浆、水泥浆、油污等杂物在使用前未清除干净；②钢模台车外模板刚度不足，在混凝土浇筑过程中变形。

3）防治措施。①钢模台车外表面模板应具备足够的强度、刚度，且定期进行模板校验；②每浇筑一仓混凝土后，应对钢模台车的外模板进行清理；③隧洞衬砌混凝土钢模台车外模板定位后，应及时采取加固、稳定、支撑措施，防止在混凝土浇筑过程中外模板变形、移动。

（2）模板稳定性不足。

1）表现形式。混凝土浇筑过程中模板偏移、移位。

2）主要原因。①模板支撑措施不够，混凝土浇筑时模板偏移、移位；②在混凝土浇筑过程中，隧洞衬砌混凝土钢模台车，操作不规范，出现隧洞侧墙左右混凝土浇筑面高差过大，或封拱混凝土泵送压力过大，造成模板变形。

3）防治措施。①针对施工实际，保证模板支撑措施到位；②在混凝土浇筑过程中，依据混凝土施工方案的要求，保证混凝土拌和物在隧洞侧墙两边对称进料，分层浇筑；当混凝土拌和物接近预埋溢浆管时，适当调整注浆压力，避免模板变形。

5.2.5 混凝土浇筑

（1）原材料未检测、检测频次不足或抽检不合格。

1）表现形式。①原材料检测报告与进场台账不能逐一对应；②监督机构对进场材料抽检，出现不合格现象。

2）主要原因。①原材料取样不及时，或检测频次不足；②原材料取样不规范，或不具备代表性；③原材料供应点出现变化，材料质量不稳定。

3）防治措施。①加强原材料进场管理，规范取样。原材料进场后，及时安排检测，待原材料检测合格后方可使用。若原材料检测不合格，则应全部清除进场原材料，不得用于隧洞工程；②采用必要的措施，确保原材料生产厂家相对稳定，同时减少原材料进场批次，保证原材料质量稳定；③加强工地试验室的现场管理，加大现场检验频次。

（2）未按试验混凝土配合比，进行现场混凝土拌制。

1）表现形式。①混凝土配料单，未经监督机构审核批准；②材料生产厂家提供的混凝土配合比试验报告，与材料供应厂家不一致；③拌和站自动记录系统，记录的材料用量与混凝土配料单不一致。

2）主要原因。①原材料质量不稳定，或进场材料料源发生变化；②在现场施工过程中，施工单位现场项目部，擅自调整混凝土配合比。

3）防治措施及要点。①采取措施，保证材料料源相对稳定，同时设置一定的储存库，储备一定数量的原材料；②根据原材料的变化情况，及时调整混凝土配料单，并经监督机构审核批准；③当原材料供应厂家或材料料源地发生变化时，应重新进行混凝土配合比试验。

（3）混凝土拌和站的称重系统误差较大或超标。

1）表现形式。①混凝土配合比中施工用水和外加剂，无称重器具；或采用时间、体积法配料，误差超标；②拌和站的称量设备，未经计量单位校验；③水泥、外加剂、水等称重误差大于±1%；骨料称重误差大于±2%。

2）主要原因。①混凝土拌和站未配备水、外加剂等称量专用设备或配备的称量设备不符合相关要求；②称量设备未定期率定、校验，或称量设备出现故障等。

3）防治措施。①混凝土拌和站，应配备水、外加剂等称量专用设备；②混凝土拌和站的计量器具，定期进行检验、校验；计量器具的检验、校验，应由具备相应资质的单位进行；计量器具应一年校验1次；③混凝土拌和站配备校秤砝码，每周对计量器具进行施工最大量程校验，每月进行全称量校正；对混凝土拌和站称量控制系统进行定期标定，及时纠偏。

（4）混凝土和易性差。

1）表现形式。①混凝土拌和物坍落度不符合要求，外观粗糙，整体包裹力不足；具体表现为：保水性差，易泌水；黏聚性差，易离析，不易振捣；过于黏稠，流动性偏小；卸料、摊铺、振捣困难，粘罐严重；②在混凝土浇筑现场，存在以下现象：水泥浆或砂浆偏少，砂石骨料偏多；水泥浆不能充分包裹砂石骨料；砂石骨料、空隙填充不足，混凝土振捣未泛出水泥浆；拌和物干涩，振捣器拔出后，空洞不能闭合；③混凝土拌和站输出料为“生料”，拌和物不均匀；④混凝土强度，不满足设计要求。

2）主要原因。①混凝土拌和站混凝土配料错误，或称量系统误差过大；②混凝土拌和站拌和时间不符合要求，或拌和站发生故障；③混凝土拌和站未根据粗细骨料分离情况及时调整配合比参数，或配合比调整不当；④混凝土拌和站随意减少水泥、砂子用量，造成混凝土和易性差。

3）防治措施。①严格控制原材料用量，确保称量系统准确，保证误差在规范允许范围；②定期检测骨料含水量，适当调整混凝土配料单；③混凝土拌和站的拌和时间应通过试验确定，不宜少于规范规定的拌和时间；④首盘混凝土拌和物应测定坍落度、含气量等参数；在混凝土浇筑过程中严格监测混凝土用水量、出机口坍落度、出机口含气量等，发现异常及时采取措施；⑤采取有效措施确保混凝土拌和物的总体要求，具体表现为：入仓高度小于1.5m；不合格混凝土拌和物不得入仓；已入仓生料、未拌和均匀料及和易性差无法捣实的拌和物，应清理出仓；不允许在混凝土浇筑仓内再次加水；⑥混凝土拌和站操作人员相对稳定，并定期培训，做到持证上岗；⑦加强施工道路维修，确保运输畅通。

（5）混凝土振捣不密实。

1）表现形式。混凝土拌和物的粗骨料堆积、架空，形成蜂窝、孔洞等，造成混凝土不密实。

2）主要原因。①隧洞衬砌混凝土钢模台车的工作窗口布置不合理，混凝土拌和物进料不均匀，混凝土振捣不到位；②隧洞衬砌侧墙的混凝土未采用强制性振捣棒振捣，或振捣不到位。

3）防治措施及要点。①加强对隧洞衬砌混凝土钢模台车设计方案的审查；②混凝土浇筑前应进行工艺试验，确定混凝土拌和物入仓、平仓、振捣、封拱等具体参数；③在混凝土浇筑过程中，隧洞底板、侧墙的混凝土应以强制性振捣棒振捣为主；对于隧洞超挖严重部位或钢筋密集部位，应加强振捣，或延长振捣时间。

（6）混凝土施工缝处理不符合要求。

1）表现形式。混凝土施工缝表面未凿毛，或乳皮、浮渣、污物等未处理干净；隧洞混凝土衬砌后，施工缝发生渗水现象。

2）主要原因。①隧洞衬砌混凝土施工缝表面未凿毛，或施工缝凿毛的重要性认识不到位；对混凝土施工缝处理不规范，造成隧洞侧墙与底板、矮边墙的新老混凝土接触不紧密，形成渗漏通道，出现质量问题；②混凝土浇筑过程中，凿毛时间选择不当，或凿毛不彻底。

3）防治措施。①依据规范要求，对已浇混凝土表面进行规范凿毛；②在混凝土浇筑过程中，加强混凝土施工缝凿毛人员的教育和培训；针对隧洞施工的不同部位（侧墙、底板、矮边墙），要求施工缝凿毛人员，采取不同的措施，确保施工缝处理符合要求。

（7）隧洞衬砌混凝土缺陷，如厚度不足、脱空、三角坑等。

1）表现形式。①隧洞衬砌混凝土的厚度，不满足设计要求；②隧洞衬砌混凝土与初期支护之间存在脱空、三角坑等现象。

2）主要原因。①在隧洞洞挖过程中，岩石表面或初期支护侵限部位未处理，侵占了混凝土衬砌空间，导致混凝土衬砌结构厚度不足；②隧洞洞挖测量放样不准确，隧洞中心轴线偏差较大，导致一侧混凝土过厚，另一侧混凝土厚度不足；③隧洞初期支护的钢拱架安装偏差较大，侵占了衬砌混凝土的有效部位；④隧洞洞挖时，遇到不良地质洞段，围岩变形较大，超出了预留值；⑤隧洞衬砌钢模台车固定不牢固，混凝土浇筑过程中钢模台车整体发生偏移；⑥混凝土浇筑工艺不正确，不能有效判断顶拱混凝土是否饱满，造成混凝土与初期支护间的空腔较大，导致衬砌混凝土厚度不足；⑦质量意识不强，对混凝土衬砌厚度不足带来的结构安全和运行安全的危害性认识不足。

3）防治措施。①在隧洞衬砌混凝土前测量初期支护断面，发现侵限部位时及时处理；依据设计要求及规范规定进行重要隐蔽工程和重要隐蔽单元工程联合验收，保证隧洞衬砌混凝土符合要求；②隧洞衬砌钢模台车定位后，详细复核外模板尺寸，并对衬砌钢模台车端头模板处及混凝土振捣窗口处的衬砌厚度进一步复核检查；③隧洞衬砌钢模台车外表面最高处预埋溢浆管，当溢浆管发生浆液流出时，减缓混凝土灌注速度，确认空腔混凝土浇满后，使用封拱器封拱；④加强围岩变形观测，根据计算及实测数据，预留围岩变形量；⑤进行隧洞混凝土浇筑时，浇筑顺序为由低往高进行浇筑；⑥隧洞衬砌混凝土拆除模板后，及时对衬砌混凝土厚度进行检测，发现衬砌厚度不足时，完善相应质量保证措施，并委托设计单位协助完成相应的处理方案；⑦按照设计要求及规范规定，对混凝土衬砌质量缺陷进行处理；⑧加强技术教育和技能培训，提高质量意识。

（8）隧洞衬砌混凝土抗压、抗冻、抗渗指标不符合设计要求。

1）表现形式。隧洞衬砌混凝土的抗压、抗冻、抗渗试块强度技术指标不符合设计要求。

2）主要原因。①使用的细骨料、粗骨料、水泥、外加剂等原材料质量不合格或存放不规范；②未根据粗细骨料的含水率调整配料单，或未按照配料单进行混凝土拌制；③隧洞衬砌混凝土拌和物入仓、振捣不规范，造成混凝土拌和物骨料分离、混凝土拌和物局部振捣不密实、隧洞衬砌混凝土强度偏低；④冬季施工时，在混凝土拌制、运输过程中，未按冬季施工要求采取温控措施。

3）防治措施。①严格执行原材料进场报验程序，合格的进场原材料按照要求存放，保证原材料质量；②混凝土拌和站按要求安装自动计量系统；混凝土拌和站依据规定及施工需要，在投入使用前进行启动验收；③根据粗细骨料含水率及时调整混凝土现场配料单，按照调整后的混凝土配料单进行混凝土拌制；④混凝土拌和物按照规范要求分孔入仓、分层振捣；隧洞衬砌混凝土完成后，及时养护；⑤冬季施工时，在混凝土拌制和运输过程中，采取添加热水或给混凝土运输罐车增加保温被等加温、保温措施；⑥加强对隧洞衬砌混凝土早期强度和实体质量的检测，依据混凝土强度（抗压、抗冻、抗渗）和原材料试验结果，及时进行统计分析，掌握施工质量状态，加强质量控制。

5.2.6 隧洞衬砌混凝土外观质量及伸缩缝处理

（1）施工缝、伸缩缝、混凝土表面等发生渗水现象。

1）表现形式。施工缝、伸缩缝、混凝土表面等不同部位或洞段发生渗水现象，或经过一定时间后隧洞衬砌混凝土表面有白色晶体析出。

2）主要原因。①在隧洞衬砌混凝土过程中，发生不符合要求的情况。如：施工缝凿毛不规范；伸缩缝积水未清除干净；混凝土结合面砂浆铺设不均匀，或含砂率较低；混凝土结合面受到污染，强度偏低；混凝土拌和物入仓时骨料分离，在施工缝或伸缩缝形成骨料堆积，或振捣不密实，形成渗漏通道；②橡胶止水带接头连接不规范；止水带安装不牢固，混凝土浇筑时移位、变形或撕裂；混凝土拌和物未能充填止水带两翼区域，或漏振、振捣不密实；止水带表面污染，与混凝土结合处存在薄弱环节；止水带使用水泥钉固定，致使止水带破损；③隧洞衬砌混凝土，未分层按序对称浇筑；混凝土拌和物分层厚度超过振捣棒有效长度，存在漏振、振捣不密实现象；混凝土拌和物，入仓后局部骨料集中架空；在混凝土浇筑过程中间歇时间过长，前期入仓的混凝土拌和物已初凝，或未对混凝土浇筑表面按施工缝处理，形成渗漏通道或出现渗漏面。

3）防治措施。①依据设计及规范要求对混凝土施工缝进行处理；或采用工程技术措施，在施工缝设置防水设施，可与设计单位协商同意后增加纵向止水材料；②在隧洞衬砌混凝土时，施工缝表面按规定凿毛，之后均应铺设水泥砂浆，或铺设同等强度的小级配混凝土，按要求将混凝土拌和物匀速分层入仓，在混凝土振捣前检查混凝土拌和物中粗骨料是否堆积或离析；③在隧洞衬砌混凝土前，对止水带安装位置、止水带安装的牢固情况、接头以及止水带表面进行全面检查；在混凝土浇筑过程中，加强止水带的保护，防止移位、变形、撕裂等。当混凝土拌和物接近止水带及钢筋密集处时，混凝土作业人员放慢振捣频率，适当延长振捣时间，使混凝土拌和物填满空隙，保证止水带和钢筋密集处与混凝土结合密实；④严格控制混凝土拌和物入仓厚度，按顺序振捣，防止漏振；⑤采取措施，保证混凝土拌和站的拌制能力及混凝土运输水平，缩短混凝土浇筑间歇时间；做好总体计划安排，确保在混凝土允许的间歇时间内完成混凝土的平仓与振捣工作。

（2）隧洞衬砌混凝土后出现裂缝。

1）表现形式。在隧洞衬砌混凝土面出现月牙形、纵向、环向、斜向等形式的裂缝。

2）主要原因。①隧洞衬砌混凝土拆模时间过早，衬砌混凝土内外温差较大，混凝衬砌土养护不到位；②隧洞衬砌混凝土钢模台车的拱顶端头模板，局部混凝土浇筑不饱满，在强度较低的情况下受钢模台车顶推冲击，形成拱顶月牙形裂缝；③隧洞衬砌混凝土钢模台车的底部模板在基底浮渣未清理干净的情况下，进行隧洞衬砌混凝土工作，当混凝土衬砌完成后，隧洞衬砌混凝土侧墙及底部发生不均匀沉降，导致混凝土表面产生斜向或纵向裂缝；④在隧洞衬砌混凝土强度未满足设计要求时提前拆除模板，或衬砌混凝土厚度不符合要求时，在自重和外力的作用下，致使衬砌混凝土边墙产生龟裂、拱部产生纵向或斜向裂缝。

3）防治措施。①按要求严格控制隧洞衬砌混凝土钢模台车的脱模时间；②及时进行隧洞衬砌混凝土的养护工作，保证衬砌混凝土的养护时间不小于28天；③加强施工组织协调，保证混凝土拌和站的拌和能力，确保混凝土拌和物的运输能力满足混凝土连续浇筑的需要，防止因施工不连续而产生施工冷缝；若因故出现施工冷缝时，应按照施工缝处理方案要求进行处理；④隧洞底板混凝土浇筑前，应严格按照规范要求清除基底浮渣；⑤严格控制混凝土拌和物的入仓温度，确保符合要求；当混凝土浇筑处于低温季节拌和物温度不能满足要求时，应采取保温措施；⑥隧洞衬砌混凝土钢模台车的外部模板就位后，应仔细检查模板端部的净空尺寸，采取支撑或加固措施，保证衬砌厚度。

（3）隧洞衬砌混凝土表面出现蜂窝、麻面或错台现象。

1）表现形式。隧洞衬砌混凝土外表面局部出现蜂窝、麻面或在混凝土接缝处发生错台现象。

2）主要原因。①隧洞衬砌混凝土的配合比不符合要求；②在混凝土拌和物入仓过程中，隧洞衬砌混凝土钢模台车侧墙左右两侧混凝土面偏差较大，迫使隧洞衬砌混凝土钢模台车位移，衬砌混凝土表面产生错台；③隧洞衬砌混凝土振捣方案不完善，或振捣过程中存在漏振、欠振现象；或在隧洞反弧、倒角部位浇筑混凝土时，混凝土拌和物注浆、混凝土振捣、混凝土排气等不满足规范要求；④隧洞衬砌混凝土钢模台车就位前，未对外模板进行清洁处理，未涂刷脱模剂；或者，外模板使用的脱模剂质量较差，外模板涂刷的脱模剂不均匀；⑤隧洞衬砌混凝土钢模台车就位时偏差超标；⑥隧洞衬砌混凝土钢模台车的刚度不足，钢模台车的外模板变形较大；⑦隧洞衬砌混凝土钢模台车的挡头模板封堵不严，导致水泥浆流失。

3）防治措施。①混凝土拌和站采用带有自动计量设备的拌制设备，严格按照操作规程规定进行混凝土拌制；②隧洞衬砌混凝土钢模台车，应具备足够的强度、刚度，且应定期对该钢模台车进行修整；③每浇筑一仓混凝土，应对隧洞混凝土钢模台车进行清洗，并均匀地涂刷质量合格的脱模剂；④隧洞衬砌钢模台车定位后，应及时采取稳定支撑措施，防止在混凝土浇筑过程中钢模台车发生跑模现象；⑤隧洞衬砌混凝土拌和物入仓时，隧洞侧墙两边均匀对称注入；要求隧洞侧墙左右混凝土面高差不许超过50cm，隧洞侧墙上下游仓面不许超过60cm，隧洞衬砌混凝土拌和物自由下落至混凝土浇筑仓面，高度不许超过1.5m；⑥隧洞混凝土浇筑过程中，严格按照作业指导书要求进行施工。重点注意加强混凝土仓面振捣；在隧洞反弧部位进行混凝土浇筑时，保证混凝土拌和物的坍落度满足要求，振捣器配置符合规定，振捣方法科学；⑦隧洞衬砌混凝土钢模台车的挡头模板，应封堵严密，防止漏浆；⑧在隧洞衬砌混凝土过程中，当衬砌混凝土表面出现错台时，首先全面检查钢模台车的各组成部件是否有效，功能是否发挥的同时，重点查找钢模台车的固定措施是否有效，混凝土输送管是否固定，挡头外模板是否变形等。详细查找原因，采取修整加固措施，及时消除衬砌混凝土错台现象的发生；另外，还应对隧洞衬砌钢模台车的尺寸、表面平整度等定期进行全面校验，要求每衬砌500～600m长度校验一次。

（4）隧洞衬砌混凝土表面发生钢筋外露现象。

1）表现形式。钢筋保护层厚度不足，受力钢筋或架立钢筋外露。

2）主要原因。①在钢筋制安过程中未设置混凝土垫块；②隧洞衬砌钢模台车因故位置移动；③在钢筋制安过程中受力钢筋或架立钢筋定位不准。

3）防治措施。①在钢筋绑扎时，预先设置混凝土垫块；②隧洞衬砌钢模台车定位后，采取支撑和加固措施保持钢模台车稳定，预防隧洞衬砌钢模台车在浇筑过程中发生位移。

5.2.7 回填灌浆及固结灌浆

（1）灌浆孔深度未深入基岩。

1）表现形式。灌浆孔深度不能满足设计要求，未深入基岩一定深度（不小于10cm）。

2）主要原因。①未能正确理解钻孔灌浆深入基岩的要求；②隧洞混凝土衬砌与初期支护之间、初期支护与围岩之间存在空洞，在回填灌浆和固结灌浆时未考虑到该区域；在隧洞洞挖初期支护时局部超挖严重，采用混凝土回填后，灌浆孔未考虑该部分长度；③钻杆长度不足。

3）防治措施。①加强钻孔、灌浆的业务培训和技术交底工作；②配备满足施工要求的钻杆及灌浆设备；③回填灌浆和固结灌浆时，钻孔、灌浆工序实行旁站监督，执行灌浆孔位、孔深逐个检查制度，加强过程质量控制。

（2）施工缝、伸缩缝、混凝土表面存在漏浆现象。

1）表现形式。隧洞衬砌混凝土的施工缝、伸缩缝及混凝土表面局部发生水泥浆液渗出现象。

2）主要原因。隧洞衬砌混凝土前，未按照规范要求对可能漏浆的部位进行处理。

3）防治措施。隧洞衬砌混凝土回填灌浆前，加强施工缝、伸缩缝、混凝土不密实面检查力度，对可能发生漏浆的部位采用化学灌浆处理，衬砌混凝土外表面采用特性材料进行封堵。

（3）隧洞衬砌混凝土与岩面间空隙未充填密实。

1）表现形式。①隧洞衬砌混凝土与洞挖初期支护之间存在脱空或灌浆不密实现象；②回填灌浆和固结灌浆后，在钻孔压浆试验时不满足设计要求；当对衬砌混凝土钻芯取样时，钻取的岩芯结石不密实。

2）主要原因。①钻孔深度不足，未深入基岩；②未按照施工方案进行灌浆，存在偷工减料现象；③隧洞衬砌混凝土与洞挖初支之间存在较大脱空区，事先未预埋灌浆管和排气管；④隧洞衬砌混凝土的灌浆孔序不正确，或灌浆压力、灌浆方法不当；⑤在回填灌浆和固结灌浆过程中，出现灌浆中断或浆液串漏现象；⑥隧洞衬砌混凝土回填灌浆和固结灌浆的灌浆区域未进行封堵。

3）防治措施。①选择必要的设备，准备充足的钻杆，保证钻孔深度深入基岩 10cm 以上；②在隧洞衬砌混凝土与洞挖初期支护之间存在较大的脱空区域时，预埋灌浆管和排气管，同时分序间歇灌浆；③在隧洞衬砌混凝土回填灌浆和固结灌浆前，进行灌浆试验，确定灌浆压力、水灰比、灌浆孔序等参数；④在隧洞衬砌混凝土回填灌浆和固结灌浆前，应对灌浆区域进行封堵；⑤当隧洞衬砌混凝土回填灌浆和固结灌浆中断时，宜在 30min 内恢复，恢复后注入率明显减少或不吸浆时，应对灌浆孔和串浆孔进行扫孔，扫孔合格后复灌；⑥在隧洞衬砌混凝土回填灌浆和固结灌浆过程中，当注入率突然加大时应立即停止灌浆；查清发生问题的部位和原因后，采用麻丝、木楔等进行封堵；或采取加浓浆液、降低压力、间歇灌浆等措施；⑦在隧洞衬砌混凝土回填灌浆和固结灌浆结束后，采用探地雷达等无损检测方法或钻孔取芯检测方法，检测灌浆效果及密实性，保证灌浆质量。

（4）抬动过大。

1）表现形式。隧洞衬砌混凝土表面，发生抬动。

2）主要原因。①在隧洞衬砌混凝土灌浆前，灌浆压力过大，或灌浆时注入率过大；②在隧洞衬砌混凝土灌浆过程中，灌浆泵工作压力不稳定。

3）防治措施。①在隧洞衬砌混凝土灌浆前，选用校验合格的压力泵；②在隧洞衬砌混凝土灌浆过程中，控制灌浆压力或注入率；③在隧洞衬砌混凝土灌浆过程中，控制灌浆泵压力波动范围，保持灌浆压力波动小于20%；④根据现场灌浆实际情况，采取间隙、待凝等措施，并适当控制浆液注入量，保证灌浆质量。

（5）中断灌浆时处理不当。

1）表现形式。灌浆过程中发生特殊情况，或发生设备故障时，不能及时处理，致使灌浆工作停止。

2）主要原因。①在隧洞衬砌混凝土灌浆过程中，当出现灌浆设备发生故障、停电、停水、管路爆裂、仪器仪表失灵等事件时，处理不及时，中断灌浆时间过长，导致孔内浆液丧失流动性；②在隧洞衬砌混凝土灌浆过程中，当出现冒浆、串浆、绕塞渗漏、岩体抬动、吸浆量大而难以结束灌浆等特殊情况时，采取间歇灌浆、待凝等处理措施，暂时性停止灌浆。

3）防治措施。①在隧洞衬砌混凝土灌浆前，监督检查以下内容：灌浆设备的准备情况，灌浆时的供水、供电情况，灌浆设备的备品备件情况，灌浆使用的输浆管材准备情况，灌浆仪器仪表的校验准确情况，灌浆管塞严密情况等事项；做好充分准备；②在隧洞衬砌混凝土灌浆过程中，发生灌浆中断时应采取措施尽快恢复；在恢复灌浆时，应使用开灌比级的水泥浆进行灌注。在灌注过程中出现冒浆、漏浆时，应根据具体情况采用嵌缝、表面封堵、低压、浓浆、限流、限量等方法进行处理。在灌浆过程中，为预防串浆，固结灌浆孔可采用群孔并联灌注，孔数不宜多于3个，并应控制压力，防止混凝土表面抬动。

（6）封孔不规范。

1）现象。浆液与孔壁胶结不紧密，灌浆孔位处出现渗漏或析水现象；灌浆钻孔时，衬砌混凝土内部发现较大的空腔；隧洞衬砌混凝土灌浆后，外观质量较差。

2）主要原因。①在隧洞衬砌混凝土灌浆结束后，未按照规范要求的封孔方法进行封孔；②灌浆孔口处理不当；③灌浆结束后，封孔的材料配比存在问题。

3）防治措施及要点。①当隧洞衬砌混凝土灌浆完成后，使用合理的水泥砂浆填满压实、抹平灌浆孔口；②灌浆结束后，封孔水泥应与灌浆水泥比例和浓度相同，必要时添加减水剂、膨胀剂等，以改善灌浆浆液和水泥砂浆的基本性能，提高抗渗防裂能力，满足相关要求。

第 6 章

隧洞衬砌混凝土质量管理实例

6.1 基本情况

某中部引黄工程，为某省“十二五”建设工程中的重点项目，工程主要任务是 4 市 16 县（市、区）的工农业供水。工程包括总干线、东干线、西干线及各供水支线工程。输水线路总长 384.48km，其中：总干线长 200.2km，东干线长 28.76km，西干线长 85.7km，蒲大支线长 3.6km，汾孝介支线长 14.97km，交汾灵东线长 51.25km。质量管理实例涉及 1 个施工单位、1 个设计单位、1 个监理单位、1 个管理单位。

6.2 隧洞衬砌混凝土前验收具体内容

6.2.1 基本内容及技术交底清单

了解施工图及设计要求，熟悉规程规范的规定，掌握技术参数和指标，开展相关准备。

1. 技术交底清单统计

技术交底清单包括 10 项内容，进行逐项落实与确认，详见表 6.1。

2. 检查验收的主要内容

对隧洞洞挖及初期支护、边顶拱控制点及断面尺寸、预埋件及止水带安装、试验段技术要求及效果分析等内容进行了全面核实，详见表 6.2。

表 6.1 技术交底清单统计表

序号	项目内容	情况说明
1	了解施工图及设计要求，熟悉规程、规范的规定，以及现场施工具体情况	通过编制作业指导书，形成交底资料，进行现场交底，并签字确认；资料汇总共 1 套
2	掌握工程设计具体技术参数、设计具体指标、施工过程注意事项	通过编制作业指导书，明确技术参数和设计具体指标，进行了交底并签字确认；资料汇总共 2 套
3	施工过程中“三检制”的执行、旁站记录、施工过程资料及现场施工记录	编制施工记录、施工日记、施工日志及相关记录资料；资料汇总共 7 本
4	了解工程试验检测和取样检验规定，编制缺陷备案及处理制度	查阅相关规定，编制规章制度及相关文件；资料汇总共 4 本
5	组建现场组织机构；明确各级交底人员及接受人员，明确组织机构现场技术员、施工员职责等	建立程序文件，制定岗位职责，形成交底材料，签字确认；资料汇总共 3 套
6	了解模板形式及其主要性能，检查振捣器的布置及效果分析，检查相应部件的功能发挥	编制文件材料，绘制了图表，进行了交底并签字确认；资料汇总共 2 本
7	了解水利工程建设标准强制性条文的规定，检查现场落实情况	编制文件材料，进行两条文辨识，形成过程文件，进行交底并签字确认；资料汇总共 2 套
8	依据相关要求，及时开展外观质量评定与验收	执行规定，形成过程资料，进行了交底并签字确认；资料汇总共 4 本
9	根据规程、规范的规定，及时进行重要隐蔽工程、重要隐蔽单元工程或关键部位元工程的联合验收	对照规定，查阅文字记录材料，进行了现场检查、验收，形成交底资料共 3 套
10	按照规定，了解隧洞衬砌混凝土施工质量评定与验收的相关内容，明确工程质量的具体要求	查阅规定，明确要求，形成交底资料，签字确认；资料汇总共 2 套

表 6.2 检查检验的主要内容统计表

序号	项 目 内 容	情况说明
1	检查隧洞洞挖情况，检测隧洞洞挖初期支护的基本数据；检查隧洞在设计要求的前提下，实际轴线、拱顶控制点及边墙主要控制的参数；检查隧洞衬砌混凝土前断面结构尺寸	现场检查和检测，形成汇总资料，共7本
2	依据要求，在隧洞初期支护边墙的适当部位标注；提出隧洞衬砌混凝土具体部位、预埋件及止水带安装位置要求等	现场放样标记，过程记录；汇总资料共2本
3	确定隧洞衬砌混凝土试验洞段的位置、试验洞段的目的及达到的具体要求；根据隧洞衬砌混凝土试验洞段的效果分析，指导后续隧洞衬砌混凝土规范施工	编制并完善作业指导书，形成阶段性成果文件；汇总资料共3套

3. 隧洞混衬砌凝土前拌和系统检查验收

对拌和系统的组成、拌和能力的确定、操作人员的培训、设备的检验情况、规章制度的建立、保证体系的设置、岗位职责的制定、过程及阶段验收的相关资料等内容进行全面对照核查，详见表6.3。

表 6.3 隧洞衬砌混凝土前拌和系统检查验收资料统计表

序号	项 目 内 容	情况说明
1	隧洞衬砌混凝土拌和系统的组成	设计要求，技术要求，工序组成；资料汇总共4本
2	拌和能力与现场施工需求情况	形成文件资料，共3本
3	操作人员的从业资格及培训情况	收集证件材料，编制相关文件；资料汇总共4本
4	设备检验与率定的合格证明材料	汇总检验报告，整编文字材料共2本
5	工艺流程的设置、管理制度的建立、操作规程的编制	编制文件，建立健全规章制度；资料汇总共4本

续表

序号	项 目 内 容	情况说明
6	质量保证体系及保证措施建立与健全情况	编制体系文件，制定相应措施；资料汇总共6本
7	工作岗位责任制的建立	建立岗位责任制，完善相关手续；资料汇总共2本
8	过程及阶段验收的相关材料	按规定开展了相关验收工作，编制了验收文件；资料汇总共3本

4. 隧洞衬砌混凝土前钢模台车的检查验收

对钢模台车的设计参数、结构尺寸、预埋件及止水带设置位置、衬砌工艺流程、具体操作手册、过程试验情况、钢模台车的检查与验收情况等内容进行了逐一验收，详见表6.4。

表6.4 隧洞衬砌混凝土前钢模台车检查验收资料统计表

序号	项 目 内 容	情况说明
1	隧洞衬砌混凝土前钢模台车顶拱、边墙及底宽的具体尺寸与设计要求吻合程度；检查钢模台车钢板技术参数、横梁与纵梁刚度参数、钢模台车外部模板的平整度情况等	设计参数，检查检测资料，验收资料及相关证明；资料汇总共2本
2	隧洞衬砌混凝土前钢模台车的进料口布置、振捣器设置与效果具体要求；钢模台车结构尺寸，钢模台车两端止水带位置设置，隧洞混凝土衬砌过程中可能出现的其他情况等	现场检验，细部资料，过程检验，文字整编；资料汇总共3本
3	钢模台车的技术要求、操作手册、工艺流程、规章制度的编制、设置与建立等情况	编制作业指导书、操作手册、工作流程及规章制度；资料汇总共6本
4	设备、材料的试验检验情况，各种材料的试验检验报告等	检查、试验、检验报告整编；资料汇总共3本
5	钢模台车的检查、检验与验收记录等情况	检验、验收资料汇总，共2本

5. 隧洞衬砌混凝土及过程控制情况

对施工记录、施工日记、成品养护、工程质量评定与验收、施工质量缺陷修复、过程试验检验、工程施工质量评定及验收、材料与设备的试验检验等内容进行了全面核查，详见表6.5。

表6.5　隧洞衬砌混凝土及过程控制情况统计表

序号	项目内容	情况说明
1	隧洞衬砌混凝土过程记录、施工“三检制”落实、施工日志编制、施工日记填写等	过程记录，编制“三检制”，填写施工日志、施工日记等；资料汇总共13本
2	隧洞衬砌混凝土脱模检查、衬砌混凝土养护、成品保护等	过程检验，记录材料整编，共3本
3	隧洞衬砌混凝土外观质量检验与评定；衬砌混凝土的裂缝、蜂窝、麻面的统计分析；隧洞衬砌混凝土过程中水利工程建设标准强制性条文的执行情况；隧洞衬砌混凝土整体工程质量评价及确认	检查、检验资料，过程资料分析，质量评定与验收整编；资料汇总共4本
4	隧洞混凝土衬砌过程试验、检验情况；试验检验的证明材料	试验、检验材料，检验报告核查；资料汇总共3本
5	隧洞衬砌混凝土单元工程施工质量评定、验收及支撑性资料	质量评定与验收成果，过程支撑资料汇总，共12本
6	隧洞衬砌混凝土检验、试验、工程报验及附件材料（含照片、录像或其他声像资料）	过程资料，附件材料整编；资料汇总共6本

6. 隧洞衬砌混凝土前控制人员的基本要求

对主要资源配备，控制人员的安排、控制人员的经历、控制人员的能力，以及控制人员的职责履行情况等内容进行了对照检查分析，详见表6.6。

表6.6　　隧洞衬砌混凝土前控制人员基本要求统计表

序号	项 目 内 容	情况说明
1	隧洞衬砌混凝土前控制资源的配备、数量、资格、资质等	资源的检查、汇总、统计、分析与实际需求对应；资料汇总共3本
2	隧洞衬砌混凝土前控制人员的安排、控制人员的经历、控制人员的主要能力、控制人员的操作水平等	人员相关材料汇总，招投标对照，现场检查；资料汇总共2本
3	隧洞衬砌混凝土过程中控制人员的履行职责情况；控制人员过程培训教育情况；对不足的调整和完善情况	岗位职责，教育培训，整改完善；资料汇总共4本

6.2.2　隧洞衬砌混凝土前验收提供资料

1. 技术交底资料

针对设计文件和施工图纸要求、技术参数规定、“三检制”落实、施工记录、试验检验、交底流程、设备实施检查、强制性条文辨识、联合验收要求、评定与验收规定等内容进行技术交底，形成文字材料，详见表6.7。

表6.7　　技术交底资料列表

序号	项目名称	主 要 内 容
1	隧洞衬砌混凝土前验收提供的技术交底资料	(1) 针对工程设计施工图纸的要求、规范规定及现场施工情况，制定了详细表格； (2) 工程具体技术参数、设计指标、过程注意事项，编制表格，签字确认； (3) 承包人的“三检制”制度、旁站记录要求、过程资料及施工记录等，列表进行详细说明； (4) 试验检测和取样试验的具体要求、缺陷备案及处理制度的建立，要求相关人员明确具体内容； (5) 交底人员、接受人员、项目部现场技术员、施工员等职责的制定与执行，采用表格及文字形式反映； (6) 将钢模台车组成及模板的检查、振捣器检测、效果检查等

续表

序号	项目名称	主　要　内　容
1	隧洞衬砌混凝土前验收提供的技术交底资料	具体数据与设计值相比较，列表统计； (7) 针对水利工程建设标准强制性条文规定、现场落实情况等，详细编制具体要求，进行列表、签字交底； (8) 依据规范要求，将隧洞衬砌混凝土外观质量评定与验收工作编制成表格，做到熟悉、了解； (9) 检查重要隐蔽单元工程联合验收及资料完善情况，提出具体要求； (10) 熟悉衬砌混凝土施工质量评定与验收的具体要求
2	其他	熟悉其他相关要求。本次检查成果，汇总成册

2. 隧洞衬砌混凝土前验收基本内容

对洞挖、初期支护、断面尺寸、预埋件、试验分析等内容进行了明确要求，详见表6.8。

表6.8　　隧洞衬砌混凝土前验收基本内容

序号	项目名称	主　要　内　容
1	隧洞衬砌混凝土前验收基本内容	(1) 检测隧洞洞挖、初期支护的基本资料，检查隧洞洞挖轴线、拱顶控制点及边墙主要控制技术数据与设计要求基本吻合情况；检查隧洞开挖后，隧洞洞底的高程与结构尺寸情况；进行对比分析后，提出具体要求，并得出验收结论； (2) 采用不同颜色明确标注隧洞衬砌混凝土边墙具体位置、衬砌部位、预埋件及止水带放置位置等；做好记录； (3) 现场及文字记录：衬砌混凝土试验段的具体位置、试验段目的及相关要求；根据试验段结果，进行科学分析、研究、补充完善，指导后续施工
2	其他	检查其他相关要求。本次检查成果，汇总成册

3. 隧洞衬砌混凝土前拌和系统检查验收内容

对设计要求、技术参数、工艺流程、责任制等内容进行全面分析且提出要求，详见表6.9。

表6.9　　隧洞衬砌混凝土前拌和系统检查内容列表

序号	项目名称	主　要　内　容
1	隧洞衬砌混凝土前拌和系统检查验收主要内容	(1) 针对设计图纸要求，全面检查隧洞衬砌混凝土拌和系统的组成，检查结果汇总、列表； (2) 根据实际工作需要，检查隧洞衬砌混凝土拌和能力，确定具体要求； (3) 检查操作人员从业资格及培训情况，相关材料汇总成册； (4) 对相关设备、设施等进行检查验收，形成文字材料； (5) 检查工艺流程、管理制度、操作规程建立与编制情况等，检查批复情况； (6) 检查质量保证体系及保证措施设置情况等，检查有无核备； (7) 检查岗位职责的设置及建立情况，完善不足； (8) 检查过程及阶段验收情况等，最终行程检查记录
2	其他	检查其他相关要求。本次检查成果，汇总成册

4. 隧洞衬砌混凝土前钢模台车检查验收

对结构尺寸、技术参数、设备布置、操作手册、试验报告等内容提出了详细检查要求，详见表6.10。

表6.10　　隧洞衬砌混凝土前钢模台车基本内容列表

序号	项目名称	主　要　内　容
1	隧洞衬砌混凝土前钢模台车检查验收内容	(1) 详细检查隧洞衬砌混凝土钢模台车顶拱、边墙及底部的主要尺寸与设计要求吻合情况，列表汇总； (2) 详细检查隧洞衬砌混凝土钢模台车钢板技术性能、横梁与纵梁刚度参数、模板外表面平整度等情况，进行必要的分析； (3) 详细检查隧洞衬砌混凝土钢模台车进料口布置、振捣器设置、整体结构尺寸布置、钢模台车两端止水带设置、隧洞衬砌混凝土过程中可能出现的其他情况等，发现不足，采取措施； (4) 详细检查隧洞衬砌混凝土钢模台车技术要求、操作手册、工艺流程、规章制度的编制情况，检查批复、备案情况； (5) 检查材料设备试验检验情况，各种试验检验报告情况等，同时进行汇总、分析
2	其他	检查其他相关要求。本次检查成果，汇总成册

5. 隧洞衬砌混凝土前整体运行检验

对工艺试验、重要环节、预案、结果分析等内容逐项提出了详细要求，详见表6.11。

表6.11 隧洞衬砌混凝土前整体运行内容列表

序号	项目名称	主要内容
1	隧洞衬砌混凝土前整体运行检查主要内容	(1) 详细检查原材料试验、混凝土拌和、拌和物运输、拌和物入仓、混凝土振捣、衬砌混凝土外观质量等工序，同时明确各工序之间的联系，汇总、列表； (2) 详细检查关键部位、薄弱环节、不良地质洞段、较大塌方洞段的具体情况，重点分析，并提出采取的措施； (3) 检查可能存在的问题，制订相应的应急预案及必要措施等，履行必要的审批流程； (4) 针对过程中形成的成果，及时总结完善
2	其他	检查其他相关要求。本次检查成果，汇总成册

6. 隧洞衬砌混凝土前控制人员核查

对人员配置、基本情况、履职尽责等内容提出了详细要求，详见表6.12。

表6.12 隧洞衬砌混凝土前控制人员情况列表

序号	项目名称	主要内容
1	隧洞衬砌混凝土前主要控制人员检查内容	(1) 检查隧洞衬砌混凝土控制人员的配置、安排、数量情况，进行对比分析； (2) 检查隧洞衬砌混凝土控制人员的业绩、经历、主要能力、操作水平等情况，形成文字材料； (3) 检查隧洞衬砌混凝土控制人员，在混凝土衬砌过程中的履行职责情况、需要调整及完善情况等，重点指出不足、完善内容
2	其他	检查其他相关要求。本次检查成果，汇总成册

7. 隧洞衬砌混凝土及过程控制

针对过程记录、养护、质量评定、要求执行、资料汇总分析等内容，提出了详细要求，详见表6.13。

表6.13　　隧洞衬砌混凝土及过程控制内容列表

序号	项目名称	主要内容
1	隧洞衬砌混凝土及过程控制检查主要内容	(1) 详细检查隧洞衬砌混凝土过程控制记录，施工日志编制，施工日记填写、施工“三检制”落实等情况，分类汇总，并提出具体意见； (2) 详细检查隧洞衬砌混凝土脱模后，成品混凝土养护，成品保护等情况；发扬成绩，弥补不足； (3) 详细检查隧洞衬砌混凝土工程外观质量检验与评定；检查衬砌混凝土的裂缝、蜂窝、麻面等缺陷的统计分析；检查水利工程建设标准强制性条文的执行情况；检查隧洞总体工程质量评价及确认等，分类汇总，具体分析； (4) 详细检查原材料、中间产品的试验检验情况，各种试验、检验的证明材料情况等，发现不足，进行完善； (5) 详细检查隧洞衬砌混凝土单元工程质量评定、验收及相关支撑性材料准备情况等。材料汇总，进行分析； (6) 检查隧洞衬砌混凝土的检验、试验、工程报验及附件材料汇总等（含照片、录像或其他声像资料）。列表、汇总
2	其他	检查其他相关要求。本次检查成果，汇总成册

6.2.3 隧洞衬砌混凝土前验收工作

1. 主要内容

某省中部引黄工程3个施工工区，涉及隧洞长30km。在隧洞进行混凝土衬砌前，进行相关验收工作，主要内容包括：重要隐蔽工程验收、重要隐蔽单元工程联合验收、施工支洞控制主洞的洞挖初期支护后隧洞轴线和纵坡复测、隧洞衬砌混凝土前钢模台车检验验收、隧洞衬砌混凝土前拌和站启动验收、工程外观质量评定与验收、隧洞衬砌混凝土前整体联动试运行、隧洞衬砌混凝土前控制及联动人员到位以及职责履行情况等。

2. 具体要求

该隧洞衬砌混凝土前验收的应满足工程施工合同、规程、规范、工程建设强制性条文、设计文件及相关要求，包括：

(1)《水利水电建设工程验收规程》(SL 223—2008)。

(2)《水利水电工程施工质量检验与评定规程》(SL 176—2007)。

(3)《水利水电工程单元工程施工质量验收评定标准》(SL 631~637—2012)。

(4)《水利工程施工监理规范》(SL 288—2014)。

(5) 某省中部引黄工程施工标段合同文件、设计文件及相关要求。

3. 验收工作组组成

(1) 验收工作组：包括验收组织单位、验收主持单位。

(2) 验收工作组：分为工程现场组和工程资料组（组长、成员），其中工程现场组又划分7个分组。

1) 重要隐蔽工程及重要隐蔽单元工程验收分组。

2) 支洞控制的主洞洞挖完成后隧洞轴线、纵坡复测验收分组。

3) 工程外观质量评定与验收分组。

4) 隧洞衬砌混凝土前钢模台车验收分组。

5) 隧洞衬砌混凝土前拌和站启动验收分组。

6) 隧洞衬砌混凝土前整体联动试运行验收分组。

7) 隧洞衬砌混凝土前控制人员到位及职责履行情况验收分组。

4. 验收时间、地点

(1) 验收时间：某年某月某日。

(2) 验收地点：工程现场。

5. 验收工作及安排

(1) 召开验收预备会。成立隧洞衬砌混凝土前验收工作组，验收组工作分工安排，讨论验收工作程序。

(2) 召开验收工作会。

(3) 听取施工单位及相关单位的工作汇报。

(4) 各工作组（及分工作组）开展相应工作，查看工程现场，查阅隧洞衬砌混凝土前相关文件资料。

(5) 讨论并通过《某省中部引黄工程隧洞衬砌混凝土前验收鉴定书》。

（6）填写相关表格并履行签字手续。

（7）验收会议结束。

6.2.4 验收工作组意见

1. 隧洞衬砌混凝土前验收现场工作组意见

某年某月某日，隧洞衬砌混凝土前验收现场工作组按照《水利水电建设工程验收规程》（SL 223—2008）规定、设计要求及合同约定，通过工程现场检测与检查，形成现场工作组意见如下：

（1）某省中部引黄工程隧洞衬砌混凝土前：重要隐蔽工程已通过验收、重要隐蔽单元工程已联合验收、施工支洞控制主洞中心轴线及纵坡已复核、隧洞衬砌混凝土前钢模台车通过验收、隧洞衬砌混凝土前拌和站进行了启动验收、隧洞洞初期支护工程外观质量进行了评定和验收、隧洞衬砌混凝土前整体联动进行了试运行、隧洞衬砌混凝土前主要控制及联动人员到位并履行职责；各工序验收基本符合设计、规范及相关要求，但局部存在不足，应及时完善。

（2）存在的问题：

1）隧洞洞挖初步支护完成后，洞壁、洞顶局部超出设计要求。

2）隧洞局部洞段，侧墙和顶局部超欠挖，超出规范约定的20cm要求。

3）隧洞衬砌混凝土前钢模台车在施工过程中，局部发生了刚性变化，模板表面局部出现变形；隧洞衬砌混凝土前钢模台车外部拱形模板与直墙段出现缝隙。

4）隧洞衬砌混凝土前钢模台车倒角模板处，未添加附着振捣器；倒角处，易产生麻面。

5）隧洞衬砌混凝土前使用的闭孔泡沫板，未转移至阴凉处并覆盖，产生老化变质；闭孔泡沫板安装过程中，未采取保护措施，局部破损。

6）在隧洞衬砌混凝土开仓浇筑前，未制定泵送管道堵管后，如何处理的预案，存在较大风险。

（3）相关建议如下：

1）对隧洞洞挖超出设计要求的洞段，按规定进行修整。

2）对隧洞部分洞段超欠挖，超出规范规定的20cm区域，采用C25混凝土回填。

3）隧洞衬砌混凝土前钢模台车组装完成后，在衬砌混凝土过程中检查验证刚性变化，仔细测量模板变形情况；尤其在拼装模板的衔接处，重点检测。

4）隧洞衬砌混凝土前倒角区域，根据现场实际，增加混凝土振捣器，加强倒角区域的混凝土振捣，保证混凝土衬砌质量。

5）隧洞衬砌混凝土使用的闭孔泡沫板、橡胶止水带、外加剂等，按规范及要求，存放于荫凉处，妥善储存；当因保管不当，出现不合格品时，应及时组织力量清出施工现场，严禁用于工程实体。

6）在隧洞衬砌混凝土过程中，储备混凝土输送管，或使用备份输送设备。应用先进工艺，采取密闭措施，连接牢固，预防管道渗漏或接头断裂；隧洞混凝土衬砌时，使用的输送管道，在备件满足要求的情况下，增加连接及接头，预防输送管堵塞或接头损坏。

2. 隧洞衬砌混凝土前验收资料工作组意见

某年某月某日，隧洞衬砌混凝土前验收，资料工作组按照《水利水电建设工程验收规程》（SL 223—2008）规定、设计要求及合同的约定，通过查阅工程建设管理中形成的文件资料，结合工程实体检查情况，形成资料工作组意见如下。

（1）隧洞衬砌混凝土前，承包人按规定组建了现场组织机构，建立了质量保证体系并且能够正常运行，制定了相应的规章制度和岗位职责。

（2）原材料及中间产品通过试验检验且合格；施工设施设备提供了检验合格证；各工序经过了评定和验收，满足合格要求。

（3）某省中部引黄工程隧洞衬砌混凝土前，形成的文字、图纸、图表、记录、声像等资料能够按照相关要求进行整理、分类。

（4）工程验收7个分组独立形成验收意见，最后汇总、合并。

（5）验收资料基本齐全，同意通过验收。

（6）存在问题。

1）重要隐蔽工程验收、重要隐蔽单元工程联合验收、隧洞洞挖初期支护中心轴线及纵坡复测与验收、隧洞洞挖初期支护完成后工程外观质量评定与验收、隧洞衬砌混凝土前钢模台车验收、隧洞衬砌混凝土前拌和站启动验收等，提供了相关资料，但提供的资料不全面，局部存在不足。

2）隧洞衬砌混凝土前，形成的相关资料，虽进行初步分类、整理，但未按要求归档，不符合档案整理要求。

（7）建议。

1）隧洞衬砌混凝土前的重要隐蔽工程验收、重要隐蔽单元工程联合验收、隧洞洞挖初期支护中心轴线及纵坡的复测与验收、隧洞洞挖初期支护完成后工程外观质量评定与验收、隧洞衬砌混凝土前钢模台车验收、隧洞衬砌混凝土前拌和站启动验收等，进一步细化，收集、整理相关资料，完善相关手续。

2）按照合同、设计要求，依据档案管理规定，对隧洞衬砌混凝土前形成的所有资料，进行系统整理；在整体分类、排序、归档的同时，规范案卷题名和卷内题名，细化案卷目录和卷内目录。

6.2.5 隧洞衬砌混凝土前验收鉴定书

1. 隧洞衬砌混凝土前验收鉴定书

某隧洞衬砌混凝土前验收：通过召开了预备会议，组建了验收工作小组和各工作分组，确定验收会议议程，通过材料检验和设备检测，经过各工序验收，听取工程参建方工作汇报，经过现场检查检测和讨论分析，最后确定某隧洞衬砌混凝土前验收鉴定书；另外，提供了验收资料及备查资料，提供了相关支撑材料，完善了相关签字手续；某隧洞衬砌混凝土前验收工作基本完成。

某隧洞衬砌混凝土前验收鉴定书的具体内容如下。

某省中部引黄工程
某施工标某施工支洞控制主洞衬砌混凝土前验收

鉴 定 书

合同工程名称：某省中部引黄工程某施工标

合 同 编 号：××××

某施工标某支洞控制的主洞衬砌混凝土前验收工作组

××××年××月××日

验收地点：施工现场

某省中部引黄工程
某施工标某施工支洞控制主洞衬砌混凝土前验收

鉴 定 书

验收主持单位：
项 目 法 人：
项目管理单位：
设 计 单 位：
监 理 单 位：
施 工 单 位：
运行管理单位：
验 收 日 期：××××年××月××日
验 收 地 点：工程现场

前　　言

×××年××月××日，某市政集团有限公司承建的“某省中部引黄工程施工某标某支洞控制的主洞工程”隧洞洞挖、初期支护工作已完成，承包人通过自检合格。××××年××月××日，承包人中部引黄工程施工项目部提出申请，对施工某支洞控制的主洞衬砌混凝土前的主要内容进行验收，具体包括：重要隐蔽工程验收；重要隐蔽单元工程验收；对隧洞洞挖初步支护完成后隧洞轴线和纵坡复测；对隧洞衬砌混凝土前钢模台车进行验收；对隧洞衬砌混凝土前拌和站进行启动验收；对工程外观质量进行评定验收；对隧洞衬砌混凝土前联动试运行验收；对隧洞衬砌混凝土前控制人员到位及履行职责进行验收等。

依据《水利水电建设工程验收规程》(SL 223—2008)、《水利水电工程施工质量检验与评定规程》(SL 176—2007)、《水利工程施工监理规范》(SL 288—2014)、《某省中部引黄工程施工合同文件》、设计文件等有关规定，××××年××月××日，由建管单位组织，监理单位主持，建管单位、设计单位、施工单位代表参加，成立某省中部引黄工程某施工标某支洞控制主洞衬砌混凝土前验收工作组，对某省中部引黄工程某施工标某支洞控制的主洞衬砌混凝土前相关内容进行验收。

验收工作组召开了预备会议，讨论并通过了验收大纲，听取了承包人及工程参建相关单位的工作汇报，查看了工程现场，查阅了相关资料，经过分析和讨论，形成了《某省中部引黄工程某施工标某支洞控制主洞衬砌混凝土前验收鉴定书》。

一、合同项目概况

（一）工程名称及位置

工程名称：某省中部引黄工程某施工标段工程

工程位置：工程位于某省某市某县

（二）工程建设内容

某施工标段，支洞长604.49mm，断面形式为城门洞型，宽3.65m，高3.2m；主洞为城门洞形断面，净宽2.5m，净高3.24m，直墙段高2.2m，顶拱中心角135°，半径1.35m。

某主洞洞挖初期支护完成后的洞段，工程项目划分为两个分部工程，分别为：某施工支洞控制主洞上游分部工程（桩号50＋707.00～52＋498.91）；某施工支洞控制主洞下游分部工程（桩号52＋498.91～54＋438.00），共计3731m。

(1) 工程规模、等级及标准。

1) 某隧洞工程等级为Ⅱ等，主要建筑物为2级，临时工程为4级建筑物。

2) 某分水口前设计流量为5.4m^3/s，设计水深为1.98m。某分水口后设计流量为4.17m^3/s，设计水深为1.62m。

(2) 主要设计参数与主要工程量。

1) 某施工标段，主洞设计长22.81km，隧洞衬砌混凝土设计断面为城门洞形断面，底宽2.5m。

2) 主洞主要工程量。主洞完成的主要工程量，见表1。

表1　主洞完成的主要工程量列表

序号	项目名称	单位	合同工程量	备注
1	石方开挖	m^3	257225	Ⅸ～Ⅹ号施工支洞控制主洞
2	喷射混凝土	m^3	21129	
3	钢筋挂网	t	110.00	
4	随机锚杆	根	2369	
5	系统锚杆	根	90819	
6	钢拱架	t	69.88	
7	超前锚杆	根	1269	
8	钢筋混凝土衬砌	m^3	76127	
9	钢筋制安	t	9135.25	
10	顶拱回填灌浆	m^2	69700	
11	橡胶止水带	m	25483	

(3) 合同金额。本施工标段工程签约合同金额为××万元。

(三) 工程建设有关单位

项目法人：××××

质量监督机构：××××

建管单位：××××

设计单位：××××

监理单位：××××

施工单位：××××

运行管理单位：××××

本次隧洞衬砌混凝土前验收的实际工程完成情况和主要工程量变化，见表2。

表2　　实际完成工程量与合同工程量统计列表

序号	项目名称	单位	合同工程量	实际完成工程量	备注
1	石方开挖	m^3	257225	43136	合同总量与部分主洞完成工程量
2	喷射混凝土	m^3	21129	3734	
3	钢筋挂网	t	110	62.88	
4	随机锚杆	根	2369	155	
5	系统锚杆	根	90819	16569	
6	钢拱架	t	69.88	6.73	
7	超前锚杆	根	1269	0	
8	钢筋混凝土衬砌	m^3	76127	0	
9	钢筋制安	t	9135.25	0	
10	顶拱回填灌浆	m^2	69700	0	
11	橡胶止水带	m	25483	0	

二、设计和施工情况

(一) 工程设计情况

(1) 主要设计过程。

1) ××××年××月××日，某省发展和改革委员会批复《某省中部引黄工程初步设计报告》。

2) ××××年××月××日完成招标设计，施工阶段陆续完成施工图设计。

主要设计变更为石方开挖量、喷射混凝土量、系统锚杆量的变化。本工程项目已完工程发生的设计变更共计7项。

（二）施工情况

(1) 合同开完工日期。

1) 某施工标合同工程计划开工日期为××××年××月××日，合同完工日期为××××年××月××日，合同工期××天。

××××年××月××日，监理机构签发工程开工通知，××××年××月××日，某施工标段工程正式开工建设。

×号支洞控制主洞洞挖与初步支护于××××年××月××日开始，××××年××月××日完成，共计隧洞洞段××m。

(2) 主要内容。

1) 重要隐蔽单元工程/关键部位单元工程（施工质量联合检验表）验收，见表3。

表3　重要隐蔽工程、重要隐蔽单元工程（施工质量联合检验表）列表

序号	项目名称	个数	合格个数	优良个数	优良率	备注
1	重要隐蔽工程（施工质量联合检验表）	5	5	—	—	
2	重要隐蔽单元工程/关键部位单元工程	18	18	—	—	避车道
3	重要隐蔽单元工程/关键部位单元工程	1	1	—	—	交叉段
4	重要隐蔽单元工程	75	75	71	94.7	开挖隐蔽
5	重要隐蔽单元工程/关键部位单元工程	7	7	—	—	C20隐蔽
合计		106	106	71	66.9	

验收结论：×号支洞控制主洞上游和下游洞段，两个分部工程的重要隐蔽单元工程/关键部位单元工程（施工质量联合检验表）已通过验收，技术指标符合设计要求。

2) 隧洞洞挖初期支护完成后轴线及纵坡复测验收。隧洞洞挖初期支护完成后×号支洞控制主洞上游洞段、下游洞段两个分部工程，共完成2个洞轴线及纵坡复测的验收工作，技术指标符合设计要求。

3) 隧洞洞挖及初期支护完成后工程外观质量评定验收。隧洞洞挖及初期支护完成后×号支洞控制主洞上游洞段、下游洞段两分部工程，共完成75个单元工程外观质量评定验收工作，技术指标符合设计要求，工程质量等级为合格。

4）隧洞衬砌混凝土前钢模台车验收。隧洞×号支洞控制主洞衬砌混凝土前钢模台车，按设计要求制作并安装完毕，刚性验算、基本尺寸检查、平整度检验、液压系统复核、电机行走系统检验等，均符合要求。

5）隧洞衬砌混凝土前拌和站系统启动验收。隧洞×号支洞控制主洞混凝土衬砌使用拌和站系统的进料设备、称量设备、拌和设备等通过就位安装和启动验收，操作规程已制定，责任制建立，资料齐全，试验运转满足要求。

（三）施工措施

1. 洞室开挖

某施工洞段，设计轮廓线包括：开口线、高程、坡度等。

隧洞主洞断面控制参数：断面中心线、断面顶拱中心线、断面底板高程、掌子面桩号（每隔5m在隧洞内侧标注桩号线位置）、轮廓线、两侧腰部平行线、钻孔爆破标记等。

隧洞断面在围岩类别变化区域、支洞与主洞交汇处、不良地质洞段等区域发生变化。

使用激光导向仪和全站仪准确测放隧洞中心轴线、腰线和设计轮廓线，技术员依据测量点进行布孔，使用红油漆标记。

隧洞断面周边孔外张角度3°，施工时按照布孔点钻孔，孔位偏移不超过5cm。

（1）钻孔。

1）洞室开挖钻孔使用YTP－28气腿钻，操作工人站立于钻孔平台上，上部铺垫木跳板，凿岩钻孔。为使围岩稳定，保证施工安全，加快施工进度，Ⅴ类围岩洞段采用“短开挖、强支护、勤观测、弱爆破”的原则进行钻爆。若相邻20m范围内，出现Ⅲ类围岩或Ⅳ类围岩洞段，在爆破开挖时，采用“短开挖、弱爆破”的方式。

2）熟练技工钻机定位。钻工按照掌子面标定的孔位进行钻孔作业；钻工造孔前，依据拱顶中心线和两侧腰线方向和角度，调整钻杆的方向与角度。

3）掏槽孔和周边孔按照掌子面上标记孔位、孔向开孔施钻，崩落孔孔位偏差不大于5cm，崩落孔和周边孔要求孔底在同一平面上。

4）炮孔造孔完成后，由专业工程师按“平、直、齐”的要求进行检查，对不符合要求的钻孔重新造孔。

5）主爆孔钻孔孔径42mm，钻孔深度Ⅲ类围岩3.0m、Ⅳ类围岩2.5m、Ⅴ类围岩1.5m左右。

（2）装药爆破。

1）钻孔工序完成后，按照爆破设计要求进行药卷的加工，将炮孔堵塞物加工成型（把沙灌入塑料袋并绑扎好），准备不同规格药卷，以适应不同洞段的装药需求。

2）炮孔检查合格后，进行装药。炮孔的装药、堵塞、引爆线路的连接由持证炮工操作。操作过程应符合施工方案、设计布置图及安全爆破规程的要求。

炮工装药前，使用压力风清理钻孔。掏槽孔由熟练工负责，掏槽孔和辅助孔孔内药卷直径32mm，连续装药。周边爆孔孔径50mm，间排距45～55cm，炸药卷直径25mm，使用竹片或木条绑扎不偶合间隔装药。起爆采用非电毫秒雷管和导爆管引爆。

3）药卷填装完成后，由炮工和值班技术员复核检查，确认无误后，撤离施工人员和设备并做好警戒，专职炮工引爆。

4）爆破起爆20min后，待爆破烟尘消散后，专职炮工首先进入洞内检查是否存在哑炮；发现哑炮，则按照哑炮处理规定，迅速排险；当隐患排除后，按规定解除警戒，进入下一道工序施工。

（3）光面爆破要求。隧洞爆破开挖，满足光面爆破的要求。

1）残留炮孔，在开挖轮廓面上均匀分布。

2）完整岩石炮孔痕迹保存率为80%以上，较完整和完整性较差的岩石炮孔痕迹保存率不少于50%，较破碎或破碎岩石炮孔痕迹保存率不少于20%。

3）相邻爆破段之间的台阶或预裂爆破孔的最大外斜值不大于15cm。

4）相邻爆破孔之间的岩面平整，孔壁没有明显的爆震裂隙。

（4）通风散烟。

1）在洞口处设置强力轴流风机，向洞内送风；送风管采用ϕ800的风带，通风管距掌子面30m左右；随着隧洞开挖向前的延伸，送风管不断延长，确保工作面有足够的新鲜空气。

2）洞内造孔设备，采取湿式凿岩台车造孔。

3）安排专职人员，对洞室通风进行监控，并定期检查粉尘浓度。

4）对部分机械设备进行机外净化，配备催化剂设备，将其连接在尾气排管上；发动机排出的废气使用催化剂或水洗的办法，降低其中的有害气体。

5）为缩短排烟降尘的时间，爆破开挖洞段距掌子面30m处设置水幕降尘器，实施水幕降尘；在爆破人员撤离时，将降尘器打开，掌子面喷洒水雾、消烟降尘。

（5）安全处理。

1）通风排烟后，使用特制工具或采用小型反铲、人工配合，做好安全排险工作。

2）爆破开挖过程中，不间断检查围岩稳定情况，清除可能塌落的松动岩块。

3）根据围岩变化情况，及时喷锚支护，预防塌方现象的发生。

2. 开挖洞段初期支护

为确保爆破开挖洞室的稳定，在洞室开挖过程中，应对已开挖的洞室及时进行喷锚支护；遇特殊洞段，结合隧洞永久支护的要求，针对不同类别围岩洞段，采取如下支护措施：

1）对于Ⅲ类围岩，采取随机锚杆+喷射混凝土的支护方式。

2）对于Ⅳ类围岩，隧洞喷锚支护紧跟开挖掌子面，采用随机锚杆+系统锚杆+随机钢拱架（必要时）+喷射混凝土的支护方式。

3）对于Ⅴ类围岩，除了采取随机钢拱架、钢筋网片（ϕ8，尺寸150mm×150mm）和随机锚杆+喷射混凝土的支护方式外，还对围岩进行超前加固。

喷射混凝土作业分段、片、分层进行，且由下而上依次进行；喷射混凝土过程，采用“S”形运动方式；喷射混凝土终凝3h后，进行后续工序作业。

对Ⅴ类围岩，根据监理机构批复的施工方案或遵守监理工程师指示，在隧洞洞室开挖前，采用超前小导管注浆或采用超前锚杆喷射混凝土支护。做到：超前小导管或锚杆，外露50cm；该外露部分与钢支撑焊接成一体，钢拱架的保护层厚不小于4cm。

在隧洞洞室顶拱开挖轮廓线处，依据外插角度3°、间距40cm，钻导管孔。导管孔，孔径45～47mm；小导管，使用长5.0m外径42mm壁厚3.0mm的冷轧无缝钢管。小导管管身设置注浆孔，孔径6～8mm，呈梅花形布置，小导管前端加工成锥形，小导管尾端长不小于50cm。小导管灌浆前，在作业面上喷10cm厚的C20混凝土。小导管注浆顺序，由拱脚向拱顶逐管注浆，小导管管尾焊接在钢拱架上。

3. 支洞与主洞交叉段开挖

施工支洞与主洞交叉洞段，在该洞段开挖前，首先进行初期支护锁口；锁扣，采用支撑钢拱架、安装锁口锚杆、钻孔注浆、安装网片、喷射混凝土支护方式进行。遇地质岩性为Ⅴ类围岩时，采用超前小导管注浆或超前锚杆+喷射混凝土的支护方式。

4. 不良地质洞段处理方式

(1) 超前固结灌浆。在监理机构、建设单位、设计单位许可的前提下，对埋深较大的、围岩较为破碎的或渗水量较大的洞段，开挖前分段（分10～15段），采取全封闭深孔固结止水注浆方式，进行综合注浆治理。钻孔注浆前，钻孔沿开挖轮廓线向前钻孔，钻孔向外偏角度5°～10°，孔间距2m，孔深10～15m；注浆压力，满足0.2～0.3MPa的要求。

(2) 超前支护。采用超前小导管支护时，依据设计要求，进行各项工作。超前小导管，为ϕ42mm、δ=3mm、L=5.0m钢花管，间距40cm，排间搭接长度1.5m；钢花管安装后进行注浆，注浆压力0.2MPa，钢管外露端与钢拱架焊接，保证初期稳定。

5. 主洞出渣方法与主要施工机械设备

1) 主洞采用ZWY-100扒渣机，通过进料口和输送带，将石渣装入矿车的运输方式。平洞段采用三轮矿车运输石渣至支洞交叉段，再使用设置在支洞口外的绞车牵引矿车，沿支洞斜坡段，采用有轨出渣方式，将石渣运出洞口；洞内石渣转运至洞口临时储渣场，使用装载机配合自卸车，将临时弃渣运往指定渣场。

支洞为无轨出渣时，采用扒渣机将石渣装入自卸车车斗。

2) 主洞出渣时，主要施工设备包括：绞车1台，扒渣机1台，喷锚机1台，气腿钻8台，柴油发电机1台，装载机1台，水泵11台，空压器1台，风机1台，搅拌站1套，搅拌系统1套，办公车1台，电焊机2台，调直机1台，弯曲机1台，打断机1台，切割机1台及运渣车5台。

三、隧洞洞挖工程验收情况

(一) 隧洞工程项目划分及质量评定

某省中部引黄工程某施工标工程，共划分1个单位工程，21个分部工程。本次隧洞衬砌混凝土前验收的内容为某支洞控制的主洞的两个分部工程衬砌混凝土前验收。

1个单位工程为某省中部引黄工程某施工标，合同编号为×××。

本次验收的分部工程名称为：中部引黄某标×号支洞控制主洞上游分部工程与中部引黄某标×号支洞控制主洞下游分部工程。

某省中部引黄工程某施工标某支洞控制主洞衬砌混凝土前验收的内容为：中部引黄某施工标段某支洞控制的主洞两个分部工程的全部内容。

×号支洞控制的主洞洞挖工程，完成的单元工程个数及工程质量评定的具体情况，见表4。

表4　　完成的单元工程个数及工程质量评定情况

分部工程名称	单元工程名称	单元个数	合格个数	合格率/%	优良个数	优良率/%	备注
×号支洞控制主洞上游	开挖	36	36	100	33	91.7	
	喷锚支护	36	36	100	33	91.7	
×号支洞控制主洞下游	开挖	39	39	100	38	97.4	
	喷锚支护	39	39	100	36	92.3	
合计		150	150		140		

（二）原材料及中间产品检验和抽检情况

原材料及中间产品检验和抽检情况，见表5。

表5　　原材料及中间产品检验和抽检列表

材料名称		规格	检测组数	合格组数	抽检组数	抽检合格组数	备注
原材料	水泥	42.5	57	57	4	44	支洞控制主洞
	钢筋	$\phi 8$	11	11			
		$\phi 25$	21	21			
	速凝剂	57	57	57			
	工字钢	I14、I16、I20	14	14			
	钢管		11	11			
中间产品	砂	中砂	73	73	19	19	支洞控制主洞
	碎石	5～15mm	48	48			
	锚杆拉拔	$\phi 25$	73	73			主洞
	C20喷射混凝土	C20	74	74			
合计			439	439	63	63	

（三）×号支洞控制的主洞衬砌混凝土前工程项目完成及验收情况

（1）重要隐蔽工程（施工质量联合检验表）验收内容已全部完成，通过承包人自评及监理机构复检，满足合格质量标准。

(2) 重要隐蔽单元工程/关键部位单元工程验收内容已全部完成，通过承包人自评及联合验收，联合验收质量等级为合格。

(3) 隧洞洞挖初期支护外观质量项目验收内容已完成，通过工程参建方代表组成的联合工作组验收，工作组验收质量标准为合格。

(4) ×号支洞控制的主洞衬砌混凝土前使用的钢模台车已完成出厂验收和现场组装验收，经承包人及监理机构、验收工作组现场测试，符合规范、设计及相关要求，验收工作组同意通过联合验收。

(5) ×号支洞控制的主洞衬砌混凝土前拌和站系统，经设计校验、现场安装、场地硬化、材料分类、现场调试，符合拌和要求，具备启动验收条件，验收工作组同意通过联合启动验收。

(6) ×号支洞控制的主洞衬砌混凝土前控制人员（项目部总负责人、现场负责人、各工序负责人、混凝土入仓调度员、上下联动联络人员）已到位，明确了岗位职责；经初步考核，满足相关要求，验收工作组同意通过主要控制人员验收。

(7) 工艺性试验已进行，过程控制参数、工作原理、阶段控制目标已确定，验收工作组同意实施。

四、合同执行及结算情况

某省中部引黄工程某施工标×号支洞控制的主洞洞挖初期支护工程，在工程建设中，依据合同的规定制定了一系列规章制度，对工程质量、进度、资金控制、安全及文明施工情况进行了管理；工程质量、进度、投资、安全及文明施工管理基本满足合同要求。

价款结算按合同要求进行，截至××××年××月××日，×号支洞控制主洞的洞挖工程计量支付工作正常，无违规现象。

五、验收工作组的意见及存在的问题

(一) 工程现场验收工作组意见及存在的问题

某省中部引黄工程某施工标段某支洞控制主洞衬砌混凝土前：重要隐蔽工程已通过验收、重要隐蔽单元工程已评定和验收、施工支洞控制主洞轴线及纵坡已复核、隧洞衬砌混凝土前钢模台车通过验收、隧洞衬砌混凝土前拌和站通过了启动验收、隧洞洞挖初期支护工程外观质量进行了评定和验收、隧洞衬砌混凝土前整体联动进行了试运行、隧洞衬砌混凝土前主要控制及联动人员到位并履行职责；各工序验收基本符合设计、规范及相关要求，但局部存在不足，应及时完善。存在的问题如下：

(1) 隧洞洞挖初期支护完成后，洞壁、洞顶局部不符合设计要求。

(2) 隧洞某洞段，侧墙和顶部的超欠挖量，超过规定的20cm要求。

(3) 隧洞衬砌混凝土钢模台车在施工过程中发生了刚性变化，模板表面局部变形；隧洞衬砌混凝土钢模台车外部拱形模板与直墙变化段局部出现缝隙。

(4) 隧洞衬砌混凝土钢模台车倒角模板处，未添加附着式振捣器；倒角处局部产生麻面。

(5) 隧洞衬砌混凝土使用的闭孔泡沫板未转移至阴凉处并覆盖，个别出现老化现象；闭孔泡沫板安装过程中未采取有效保护措施，局部破损。

(6) 在隧洞衬砌混凝土开仓浇筑前，未制订泵送管道堵管后如何处理的预案，存在较大风险。

(二) 工程资料验收工作组意见及存在的问题

(1) 隧洞衬砌混凝土前承包人按规定组建了现场组织机构，建立了质量保证体系并且能够正常运行，制定了相应的规章制度和岗位职责。

(2) 原材料及中间产品进行了试验检验；施工设施设备提供了检验合格证；各工序的评定与验收，提供了证明材料；整体符合要求。

(3) 某省中部引黄工程某施工标段某支洞控制的主洞衬砌混凝土前形成的文字、图纸、图表、记录、声像等资料，按照相关要求进行整理、分类。

(4) 7个分工作组分别提供了具体意见。

(5) 验收资料基本齐全，同意通过验收。

(6) 存在问题：

1) 重要隐蔽工程验收、重要隐蔽单元工程评定与验收、隧洞洞挖初期支护的轴线及纵坡复测与验收、隧洞洞挖初期支护工程外观质量评定及验收、隧洞衬砌混凝土前钢模台车验收、隧洞衬砌混凝土前拌和站启动验收等，虽提供了相关资料，但未分类，部分支撑资料欠缺。

2) 隧洞衬砌混凝土前形成的相关资料，虽进行了初步整理，但不符合档案规范要求，未进行档案归档。

六、验收结论

某省中部引黄工程某施工标段×号支洞控制的主洞衬砌混凝土前完成的工程质量合格，工程资料基本齐全，同意通过重要隐蔽工程验收、重要隐蔽单元工程评定与验收、×号支洞控制主洞的洞挖轴线及纵坡复测验收、隧洞洞挖初期支护工程外观质量评定验收、隧洞衬砌混凝土前钢模台车联合验收、隧洞衬砌混凝土前拌和站启动验收、隧洞衬砌混凝土前整体联动试运行验收、隧洞衬砌混凝土前控制人员到位及履行职责验收、隧洞衬砌混凝土工艺性试验。验收工作组同意通过该施工标段×号支洞控制的主洞衬砌混凝土前验收，工程质量合格。

七、建议

(一) 工程现场验收工作组建议

(1) 对隧洞洞挖部分超欠挖洞段，按规定进行修整。

(2) 对隧洞超出规范20cm要求的区域，采用C25混凝土回填。

(3) 隧洞衬砌混凝土前钢模台车组装完成后，在衬砌混凝土过程中验证刚性变化，仔细测量模板变形情况；尤其在拼装模板的衔接处重点检测，采取措施避免裂缝产生。

(4) 隧洞衬砌混凝土倒角区域根据现场实际增加附着式混凝土振捣器，加强倒角区域的混凝土的振捣工作，保证混凝土衬砌质量。

(5) 隧洞衬砌混凝土使用的闭孔泡沫板、橡胶止水带、外加剂等，按规范及现场施工要求存放于荫凉处，妥善储存；若因保管不当，出现不合格品时，及时组织力量清出现场，严禁用于实体工程。

(6) 在隧洞衬砌混凝土过程中，加大混凝土输送管维修力度，或设置备份输送管。隧洞衬砌混凝土时缩短输送距离，节省拌和时间，确保有效振捣，保证衬砌混凝土质量。

（二）工程资料验收工作组建议

（1）隧洞衬砌混凝土前的重要隐蔽工程验收、重要隐蔽单元工程评定与验收、隧洞洞挖初期支护中心轴线及纵坡复测与验收、隧洞洞挖初期支护工程外观质量评定和验收、隧洞衬砌混凝土前钢模台车验收、隧洞衬砌混凝土前拌和站启动验收等资料，按照规范规定及合同约定，在统筹兼顾的同时，进一步补充完善相关支撑材料，完善签字手续。

（2）按照合同、设计文件要求，依据档案管理规定，对隧洞衬砌混凝土前形成的所有资料进行综合整理；在整体分类、排序、归档的同时，规范案卷题名和卷内题名，细化案卷目录和卷内目录，确保符合档案管理要求。

2. 工作组成员签字表

该隧洞衬砌混凝土前验收完成后，按规定履行签字手续。

某省中部引黄工程某施工标段×号支洞控制的主洞工程衬砌混凝土前验收工作组成员签字表，见表6.14。

表6.14　隧洞衬砌混凝土前验收工程组成员签字表

序号	姓 名	验收组 职　务	单位名称	职务和职称	签字
1	具体姓名	组　长	×××	总监 高级工程师	（签名）
2	具体姓名	副组长	×××	处 长 高级工程师	（签名）
3	具体姓名	成 员	×××	项目经理	（签名）
4	具体姓名	成 员	×××	工程师	（签名）
5	具体姓名	成员	×××	工程师	（签名）
6	具体姓名	成 员	×××	工程师	（签名）
7	具体姓名	成 员	×××	副总监 高级工程师	（签名）
8	具体姓名	成 员	×××	设计代表	（签名）
9	具体姓名	成 员	×××	安全副经理	（签名）

续表

序号	姓 名	验收组职 务	单位名称	职务和职称	签字
10	具体姓名	成 员	×××	项目副总工	(签名)
11	具体姓名	成 员	×××	工程师	(签名)
12	具体姓名	成员	×××	工程师	(签名)
13	具体姓名	成 员	×××	监理工程师	(签名)

3. 提供的资料

某省中部引黄工程某施工标段，×号支洞控制的主洞工程衬砌混凝土前验收提供的资料，见表6.15。

表6.15　　隧洞衬砌混凝土前验收提供资料列表

序号	项目名称	主 要 内 容
1	隧洞衬砌混凝土前技术交底资料	(1) 进行了设计交底和图纸会审，明确了规程、规范要求；附件资料4本； (2) 熟悉了技术参数和设计指标，特别了解注意事项和具体要求；附件资料2套； (3) 明确了“三检制”、旁站记录、过程资料及施工记录等编制要求，熟悉了基本程序；附件资料3套； (4) 针对试验检测和取样试验、制定缺陷备案及处理制度等要求，制定了控制流程，熟悉了基本要求；附件资料4套； (5) 针对现场实际，明确了交底人员、接受人员、组织机构现场技术员、施工员等职责，制定了惩罚机制；附件资料2套； (6) 对钢模台车的模板、振捣器进行了全面检查，进行了整体效果检验，开展了现场测试；附件资料5套； (7) 熟悉了水利工程建设标准强制性条文（2020年版）的具体要求，制定了现场实施细则；附件资料2本； (8) 已通过隧洞初期支护工程外观质量评定与验收，质量等级为合格；附件资料7套； (9) 开展了重要隐蔽单元工程联合验收，验收结论为通过验收，质量等级为合格；附件资料3套； (10) 按照规范要求，熟悉了单元工程施工质量评定的基本程序和要求，制定了评定表格；附件资料3套

续表

序号	项目名称	主 要 内 容
2	衬砌混凝土前检查涉及的基本内容	(1) 对隧洞洞挖、初期支护的基本尺寸，隧洞洞挖中心轴线、拱顶控制点及边墙主要控制尺寸，以及隧洞洞底宽度与高程等，进行了全面检查，检查结果符合要求；具体数据列表成册共6套； (2) 按照设计要求，在隧洞洞段标注了桩号位置，明确了预埋件及止水带安装的位置，同时建立台账，明确了责任人；附件资料2套； (3) 通过工程参建方商议，在隧洞掌子面24m为试验段，进行衬砌混凝土测试，记录相关数据，了解各工序配合情况，进行系统分析，得出测试结果。详细材料；汇总成册2套
3	衬砌混凝土前拌和系统检查验收资料内容	(1) 依据设计图纸，检查混凝土拌和系统的组成，重点：机电系统、液压系统、型钢、模板等，形成记录；编制文件资料3套； (2) 根据现场实际需要，检验混凝土拌和能力，进行科学分析，完善不足；附件资料1套； (3) 检查了操作人员的持证上岗、培训、教育考试等，提供了资格证明；形成了文字材料4套； (4) 检查了设备的证明材料，提供了合格证及维修保养记录；附件资料2套； (5) 编制了工艺流程、规章制度、操作规程等，形成3套文件材料； (6) 编制了质量保证体系及保证措施，完善了报批及备案程序；附件资料1套； (7) 制定了衬砌混凝土前现场作业人员的岗位职责，明确了权利及义务，制定了惩罚机制；附件资料3套； (8) 进行了工艺试验和阶段验收，形成了总结资料，汇总了优缺点，提出了相关要求；附件资料6套
4	衬砌混凝土前钢模台车检查验收资料内容	(1) 检查了隧洞衬砌混凝土前钢模台车顶拱、边墙及底宽的主要尺寸；检查了钢模台车型钢技术指标、横梁与纵梁刚度指标、外模平整度；检查六基本尺寸和技术指标；以上检查均满足要求，附件资料3套； (2) 全面检查了隧洞衬砌混凝土钢模台车进料口、振捣器布置、总体尺寸、两端止水带位置设置，基本符合要求；对检查中发现的不足制定了整改措施，编制了应急预案；附件资料5套； (3) 编制了隧洞衬砌混凝土钢模台车技术要求、操作手册、工艺流程、规章制度；履行了报批及备案程序；附件资料3套； (4) 进行了相关试验检验，提供了试验检验报告，进行了整理、汇总，形成附件资料2套

续表

序号	项目名称	主 要 内 容
5	衬砌混凝土及过程控制情况内容	(1) 进行了隧洞衬砌混凝土过程控制，编制了施工日志、施工日记，进行了分类、整理、汇总；附件资料6套； (2) 进行了隧洞衬砌混凝土脱模养护及成品保护，编制了文件资料，进行了汇总分析；附件资料3套； (3) 按照规定，进行了隧洞洞挖初期支护工程外观质量检验与评定；进行了衬砌混凝土裂缝、蜂窝、麻面的统计分析；执行了水利工程建设标准强制性条文的规定；进行了隧洞工程总体质量评价及确认；最终形成的整套系统资料符合要求；附件资料6套； (4) 进行了试验检验，整理、汇总了试验检验报告；附件资料2套； (5) 进行了工程单元工程质量评定、验收，查验了支撑性资料，汇总、整理，编辑成册；附件资料7套； (6) 检查了检验、试验、工程报验及附件（照片、录像或其他声像）等相关资料，进行了整理、分析，形成了档案资料；附件资料6套
6	控制人员检查内容	(1) 对照要求，检查了隧洞衬砌混凝土前控制人员配置、安排、数量，符合现场施工要求；附件资料2套； (2) 依据实际需要，检查了隧洞衬砌混凝土前控制人员的经历、能力、操作水平等，基本符合要求；附件资料3套； (3) 开展了隧洞衬砌混凝土前试运行，检查了职责履行情况，进行了总结分析，相关资料汇总成册；附件资料3套

6.3 质量管理基本工作内容

6.3.1 设计文件及特性

1. 设计图纸及要求

设计图纸及要求包括施工图纸、设计文件及技术要求。

2. 标段工程的特点、参数及影响

(1) 某施工标段简述及洞口特性。某施工标位于西干线（西35＋565.30～西58＋378.40），主要内容包括西干隧洞（西35＋565.30～西58＋378.40）约22.81km、西干13～24号施工支洞、某分水口交通洞及相应临时工程等。

（2）施工标段隧洞相关设计参数。该隧洞为城门洞形断面。

1）Ⅲ类围岩隧洞开挖后断面尺寸为：净宽 3.26m，净高 3.715m，直墙段高 2.2m，顶拱中心角 135°，半径 1.353m，C20 喷射混凝土厚度 8cm，C25W6F50 衬砌混凝土厚度 30cm。

2）Ⅳ类围岩隧洞开挖后断面尺寸为：净宽 3.3m，净高 3.735m，直墙段高 2.2m，顶拱中心角 135°，半径 1.353m，C20 喷射混凝土厚度 10cm，C25W6F50 衬砌混凝土厚度 30cm。

3）Ⅴ类围岩隧洞开挖后断面尺寸为：净宽 3.4m，净高 3.855m，直墙段高 2.2m，顶拱中心角 135°，半径 1.353m，C20 喷射混凝土厚度 12cm，C25W6F50 衬砌混凝土厚度 35cm。

4）衬砌完成后隧洞断面尺寸均为：净宽 2.5m，净高 3.035m，直墙段高 1.95m，主洞设计纵坡均为 1/3000。

（3）功能、效益及用途。

1）输水线路建成后，向西南方向从某县东部山区穿过，向生态园及某县供水，向支线供水，解决当地缺水问题。

2）隧洞工程可满足正常输水功能，具有一定的经济效益、社会效益。

3）工程建成后，可新增灌溉面积，缓解沿线工业供水、农业灌溉和生态供水紧缺的矛盾，助力当地经济腾飞，同时改善水资源短缺状况，有效应对干旱，具有非常重要的战略意义。

6.3.2 主要事项及知识点

6.3.2.1 现场业务工作内容

（1）每月按时填写及提交的资料。

1）日记。在衬砌混凝土施工期间，每天填写日记，记录当天施工情况和当日活动；按要求在以下几个方面做好全面记录，包括施工内容、施工人员、施工设备、材料设备进场、试验情况、承包人和项目部对现场安全质量文明施工的检查情况、现场存在的问题及相关偶然性事件（如抽排水、停电、发电、领导检查）等。每日记录，每月汇总成册。

2）旁站值班记录。在隧洞衬砌混凝土工序中进行旁站值班记录。按要求在以下几个方面做好全面记录，包括施工部位、人员、设备、使用材料、施工过程描述、检查检测、问题整改等。分阶段按工序编辑成册。

3）巡视记录。在隧洞衬砌混凝土工作中，按要求在以下几个方面编制巡视记录，包括安全、质量、文明施工、冬季施工、汛期施工等。每个洞口编制一份巡视记录，每个月进行分类汇总。

4）施工安全、质量、文明施工现场检查。在实施过程中，做好以下几个方面的全面记录，包括检查部位、人员、施工作业环境、施工条件、危险品及危险源的安全情况、施工质量情况、缺陷修复情况、文明施工的设备设施及标志标牌等。每个月每个洞口记录一份，及时整理成册。

5）隧洞衬砌混凝土前安全风险点监督检查。按规定在每个月15日、25日进行两次风险排查，将排查结果进行分析、整理、汇总；提出具体要求，制定整改措施，落实责任人。

6）现场施工声像资料。按要求留存声像资料，每个洞口每个月进行命名、分类、存档。

（2）其他资料。

1）工程现场书面指示。按要求针对现场实际情况，编制工程现场书面指示单；对存在的问题提出整改要求。

2）其他资料。对火工品检查、冬季施工安全检查等，进行了定期或不定期检查，进行了汇总分析，并形成了文件资料。

6.3.2.2 隧洞衬砌混凝土施工图纸解析

（1）西干线Ⅲ类围岩洞段隧洞配筋详图解析（见图6.1）。

1）图6.1中所示尺寸单位，除已标记以外其余均以mm计。

2）以批准的隧洞混凝土衬砌方案为准，每仓衬砌混凝土标准长度为12m。

3）断面钢筋详图标注解释：例如①号钢筋61ϕ16@200表示在12m一衬砌混凝土仓面的情况下，①号钢筋为61根ϕ16热轧带肋

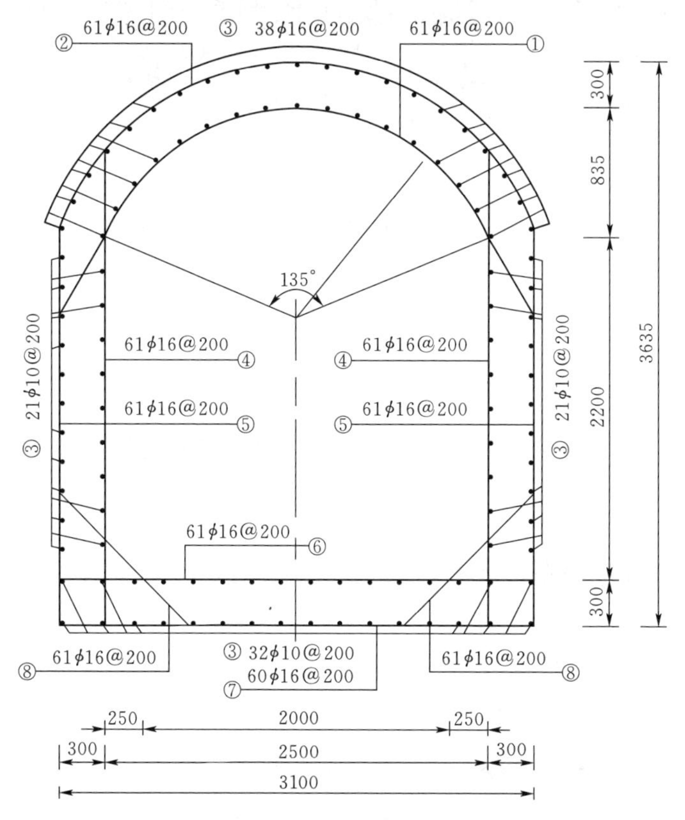

图 6.1　西干线Ⅲ类围岩洞段隧洞配筋图（单位：mm）

钢筋间距 200mm 布置，其余编号等同。

4）钢筋焊接采用单面焊时，焊接长度不得低于 $10d$（d 为钢筋直径）；安装钢筋采用绑扎搭接时，绑扎搭接长度不得低于 $35d$。

5）编号③钢筋为 ϕ10 光圆钢筋，钢筋两端必须设置弯钩，弯钩长度不低于 $6.25d$。

6）隧洞全断面钢筋绑扎时，须采用 ϕ8 联系筋（联系筋：主要作用是与受力筋连接形成一个骨架，均匀传递荷载，加固双排钢筋，避免混凝土浇筑过程中导致双排钢筋挤压变形），间排距 600mm，梅花形布置。

7）隧洞涉及Ⅲ类围岩范围较少，需要具体参数时，另行考虑。

（2）西干线Ⅳ类围岩洞段隧洞配筋详图解析（略）。

（3）西干线Ⅴ类围岩洞段隧洞配筋详图解析（略）。

（4）施工标段隧洞混凝土衬砌止水大样详图解析（见图6.2）。

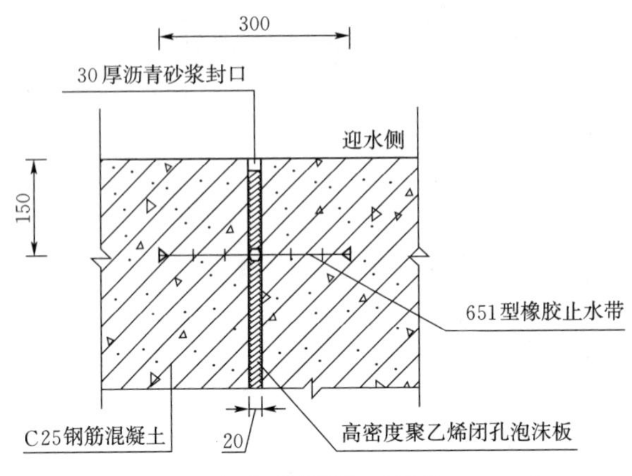

图6.2　止水大样图（单位：mm）

1）隧洞衬砌混凝土断面迎水侧。混凝土衬砌完成后，过水面为迎水侧。

2）隧洞衬砌混凝土分缝填塞，使用的高密度聚乙烯闭孔泡沫板，厚度2cm，伸缩缝缝宽2cm。隧洞衬砌混凝土断面分缝内，全断面填充高密度聚乙烯闭孔泡沫板至距迎水面3cm处，剩余3cm空隙填充沥青砂浆封口。

3）隧洞衬砌混凝土断面使用的橡胶止水带统一安装在距离迎水侧15cm位置；橡胶止水带的宽度为30cm，以伸缩缝中心为准，两边各15cm，全断面安装。

6.3.2.3　隧洞衬砌混凝土方案重点解析

1. 施工准备

（1）某施工第1工区。

1）对外交通主要涉及大宗主材和设备进场工作，其中施工13号支洞工区临近某镇可使用县道通行；施工14号支洞、施工15号支洞工区，使用已完工的县级道路通行；施工16号支洞、施工17号支洞、施工18号支洞进场道路狭窄，在调度、组织能力保障的前提下，可满足材料及设备运输进场条件。该标段总体布置已完成，施工现场对外交通条件满足施工需要。

2）施工电风、电、水、建材等情况。施工用风：施工工区配备的空压机、风机能满足施工要求。施工用电：施工工区架设专用供电线路，配置专用变压器；另外，配备增压柜、发电机等辅助备用电源，可确保正常施工需要。施工用水：施工工区，配备了充足、合格的水源，满足施工用水需求。施工建材：供应商稳定，质量可靠，能满足要求。

3）混凝土拌制系统。施工 13 号支洞、施工 17 号支洞已配备 JS500 拌和站系统；施工 14 号支洞配备 JS750 拌和站系统；两个拌制系统均配备 PLD1200 三仓配料机、2 台装载机、180m^3 储量砂石料仓、2 个 100t 水泥罐、60t 粉煤灰罐等重要组成系统。混凝土生产能力基本可以满足施工需求。

4）隧洞衬砌混凝土洞内运输系统。施工 13 号支洞、施工 17 号支洞现场采用绞车有轨系统运输，具体为：采取洞外拌和干料，洞内二次拌和混凝土，用三轮车或者改装混凝土罐车运送至施工面，输送混凝土罐车输送至浇筑仓面的施工方案。施工 16 号支洞、施工 18 号支洞的混凝土运输方案与此类似。施工 14 号支洞、施工 15 号支洞为无轨系统运输，具体为：依据批准的隧洞衬砌混凝土方案，洞外采用混凝土拌和楼，一次性拌制成混凝土成品，然后采用混凝土输送罐车沿支洞斜坡将混凝土拌和物输送至混凝土浇筑仓面的施工方案。

（2）某施工第 2 工区。

1）对外交通主要涉及大宗主材和设备进场工作，其中施工 19 号支洞、施工 20 号支洞、施工 21 号支洞工区，进场道路为村村通道路，多为山区小路，经过村庄较多。施工 22 号支洞、施工 23 号支洞工区紧邻 209 国道，进场道路比较便利。该标段在整体调度、组织到位的情况下，可满足材料及设备运输进场要求。

2）施工风、电、水、建材的要求。施工用风：施工工区配备的空压机、风机能满足施工要求。施工用电：施工工区架设了专用供电线路，配备了专用变压器；另外，还配备了增压柜、发电机等辅助备用电源，满足正常施工需要。施工用水：施工工区均有充足的施工水源。施工建材：供应商稳定，质量可靠，能满足要求。

3）混凝土拌制系统：施工19号支洞至施工23号支洞均已配备拌和站，同时配备三仓配料机、装载机、粗细骨料仓、水泥罐、粉煤灰罐等重要组成部件，形成混凝土拌和系统；该标段组成的5套混凝土拌和系统已调试完成，混凝土拌制能力已核验，该拌制系统可满足混凝土施工需求。

4）隧洞衬砌混凝土运输。施工19号支洞至施工23号支洞现场，隧洞衬砌混凝土均采用绞车有轨系统运输，具体为：洞外拌制混凝土成品，采用混凝土罐车运输至支洞与主洞交叉段，之后采用混凝土罐车倒运，或采用混凝土罐车直接运输至混凝土浇筑工作面的混凝土衬砌方案。

（3）某施工第3工区。

1）对外交通主要涉及主材和设备进场工作。西干线出口，因经过村庄，大车禁止通行，承包人在某村设立了拌和站，衬砌混凝土采用输送罐车将混凝土运输至隧洞衬砌混凝土仓面；隧洞衬砌混凝土使用的钢筋、其他设备，需要从某村卸货，经二次倒运送至施工洞口。施工24号支洞输送衬砌混凝土及设备，可通过村村通道路，直接运输到施工场地，然后采用罐车或特制车辆，将材料及设备运送至隧洞衬砌混凝土仓面。该标段施工交通条件基本满足要求。

2）施工风、电、水、建材。施工用风：施工工区配备的空压机、风机能满足施工要求。施工用电：施工工区架设专用供电线路，配备专用变压器；另外，还配备增压器、发电机等辅助备用电源，可确保正常施工用电需求。施工用水：施工工区，有充足的施工水源，可满足施工用水需要。施工建材：供应商稳定，质量可靠，能满足要求。

3）混凝土拌制系统：某料场已配备JS500拌和站系统。施工24号支洞洞口，配备HPD1200拌和站系统，同时配备三仓配料机、装载机2辆、1个100t水泥罐及100t粉煤灰罐等，组成的混凝土拌和系统；该混凝土拌和系统已调试，其混凝土拌和能力已核验。该标段的衬砌混凝土拌和系统，可满足现场混凝土衬砌需求。

4）隧洞衬砌混凝土运输。西干出口衬砌混凝土运输，使用混凝土罐车，从某拌和站运送混凝土拌和物至隧洞衬砌混凝土仓面，进行混凝土浇筑。施工24号支洞在洞口设立强制性拌和站系统，混凝土通过混凝土罐车运送到隧洞衬砌混凝土仓面，之后进行混凝土浇筑。

2. 施工总体布置。

（1）隧洞衬砌混凝土拌和站方案。由于各洞口之间距离较远，混凝土成品不便于长距离运输，采取一个施工支洞配备一套混凝土拌和站方案配料。

（2）拌和混凝土流程。

1）施工13号支洞、施工16号支洞、施工17号支洞、施工18号支洞采用混凝土二次拌和方案，具体为：洞外搅拌水泥、碎石、砂、粉煤灰成初步混合料，绞车运输混合料进入支洞及控制主洞后，然后按比例添加施工用水及外加剂二次拌制混凝土成品；其中添加用水、外加剂，采用重量自动控制器控制。

2）施工14号支洞、施工15号支洞，因施工支洞坡度较缓，采用洞外一次拌制混凝土成品，然后采用混凝土罐车运输至隧洞洞内混凝土衬砌仓面。

3）施工19号支洞至23号支洞，隧洞衬砌混凝土均采用洞外一次性拌制混凝土成品，然后使用混凝土罐车运输至隧洞衬砌混凝土仓面附近，通过混凝土输送泵注入混凝土浇筑仓面进行混凝土浇筑的施工方法。

4）施工24号支洞、西干线出口。隧洞衬砌混凝土采用洞外一次性拌制混凝土成品，然后采用混凝土罐车运输至衬砌混凝土仓面附近，通过混凝土输送泵注入混凝土仓进行混凝土浇筑的施工方法。

（3）隧洞衬砌混凝土钢模台车安装。底板及矮边墙采用倒角向上60cm，底板模板与矮边墙模板连接为一个整体，中间附加横支撑，然后进行混凝土浇筑。边墙、边顶拱采用刚性支撑模板，外加附着式振捣器，组合为长12.1m的钢模台车。钢模台车外模板顶部、边墙适当位置预留进料孔，通过混凝土输送泵，将混凝土拌和物注入边墙及顶拱，之后采用振捣器振捣，完成隧洞混凝土浇筑。

（4）隧洞衬砌混凝土配合比。依据设计要求及地质围岩实际情况，施工洞段混凝土设计标号为C25W6F50；按照设计要求，根据工程现场实际，采用现场一定的粗细骨料、水泥、外加剂、施工用水，在实验室进行试验，确定试验配合比；然后在施工现场进行试配，确定现场施工的具体技术参数。设计混凝土标号C25W6F50，C25表示混凝土标养试块在28天龄期时抗压强度不低于25MPa；W6表示28天龄期的试块试验时可以承受0.6MPa的水压力不渗水；F50表示28天龄期的试块试验时承受反复冻融循环50次，抗压强度下降不超过25%，而且质量损失不超过5%。为便于现场施工方便及质量控制，通常情况下，依据试验配合比，根据现场拌制能力，选用配置1m^3混凝土需要各种材料的重量，单位为kg；各种材料重量比由水：水泥：粉煤灰：砂：小石：中石：减水剂等组成，当现场需要缩放时，等比例变化。

3. 隧洞衬砌混凝土仓面长度。

（1）某施工第1工区。隧洞衬砌混凝土工作仓面，依据地质条件，施工图设计为每10m一个浇筑混凝土仓面。在现场隧洞衬砌混凝土时，依据揭示的实际地质情况、施工条件和浇筑能力进行变更，施工第1工区主洞衬砌混凝土变更为每12m一个浇筑混凝土仓面。

（2）某施工第2工区。隧洞衬砌混凝土工作仓面，依据地质资料，施工图设计为每10m一个混凝土浇筑仓面。在现场隧洞衬砌混凝土时，依据揭示的实际地质情况、施工条件和浇筑能力进行变更，施工第2工区的施工19号支洞、施工20号支洞、施工21号支洞、施工23号支洞控制主洞衬砌混凝土变更为每12m一个混凝土浇筑仓面。因施工22号支洞控制主洞的地质资料与设计要求的分仓施工条件基本吻合，所以主洞衬砌混凝土，按照设计要求，每10m一个浇筑混凝土仓面。

（3）某施工第3工区。隧洞衬砌混凝土工作仓面，依据地质资料，施工图设计为每8m（土质）、10m（岩石洞段）一个混凝土浇筑仓面。在现场隧洞衬砌混凝土时，依据揭示的实际地质情况和施工条件、浇筑能力进行变更，施工第3工区主洞衬砌混凝土，变更为每12m一个混凝土浇筑仓面。

4. 隧洞衬砌混凝土施工方案。

（1）西干线隧洞衬砌混凝土横断面为城门洞形。依据设计施工图纸要求，隧洞混凝土衬砌由底板、矮边墙及边顶拱组成。根据实际围岩地质情况的变化，结合混凝土的流动特性及混凝土衬砌钢模台车的加固、抗浮、行走、稳定等要求，确定隧洞混凝土衬砌工序包括底板、矮边墙及边顶拱混凝土衬砌。

（2）隧洞衬砌混凝土工序。

1）底板及矮边墙衬砌混凝土工序：清基→测量放样→钢筋绑扎→倒角及矮边墙模板安装→止水材料安装→测量复核→混凝土浇筑→脱模养护。

2）边顶拱衬砌混凝土工序：矮边墙凿毛→钢筋绑扎→止水材料安装→衬砌混凝土钢模台车安装→测量调整→精调→混凝土浇筑→脱模养护。

6.3.3 现场工作内容及重点

6.3.3.1 现场概述

1. 隧洞衬砌混凝土现场监督检查工作

（1）隧洞衬砌混凝土前监督检查及验收工作包括：重要隐蔽工程验收；重要隐蔽单元工程联合验收；隧洞洞挖初期支护中心轴线、纵坡复测验收；隧洞洞挖初期支护工程外观质量评定与验收；隧洞衬砌混凝土前钢模台车就位及调试验收；隧洞衬砌混凝土前拌和站启动验收；混凝土拌和物运输及整体联动试运行验收；隧洞衬砌混凝土前控制人员到位及职责履行验收；各工序验收、衬砌混凝土工艺性试验验收及总结；施工资料整理及相关资料归档验收等。

（2）隧洞衬砌混凝土前申请报验工作包括：承包人以书面形式提交机械设备进场报验；原材料进场报验；自检试验报告报验；施

工使用相关表格报验等。

（3）检查、确认工序施工准备。

（4）检查并记录施工工艺、施工程序等实施过程，发现不足或存在质量隐患时，按要求整改，并履行报告程序。

（5）对隧洞衬砌混凝土前的全过程及重点环节，进行旁站监督。

（6）在隧洞衬砌混凝土过程中，监督检查人员采取认真、真实、客观的态度，依据规程、规范、设计的相关要求，核实、确认现场工程事件及工程量，杜绝虚假行为。

（7）监督检查现场安全施工和文明施工情况，发现异常现象或不规范行为时，及时纠正。

（8）监督检查施工日志填写、现场试验报验、现场检测统计分析等。

（9）核实工程质量评定情况及工序质量评定及验收情况，检查原始记录的完整、真实情况。

2. 隧洞衬砌混凝土质量控制工作详解（按照工序质量评定排序）

（1）清基。施工标段主洞地质岩性为基岩时：①要求表面无松动岩块，在全面检查基础上，每 2m 检查 1 处；②不允许地下水渗漏，存在地下水渗漏时，妥善封堵或者引排，在全面检查的基础上做到每 2m 检查 1 处；③建基面达到无积水、无杂物、干净、满足承载能力的标准，每 2m 检查 1 处。

（2）施工缝。在隧洞衬砌混凝土过程中，当存在间隙、不连续时，已浇筑的混凝面与即将浇筑的混凝土之间形成的接缝称为施工缝。施工缝与伸缩缝存在质的差别，伸缩缝为预留永久缝隙，施工缝在后续工程施工前须进行凿毛处理；施工缝凿毛处理后，满足表面无乳、毛面、微露粗砂的基本要求。凿毛处理后应通过验收，验收的标准为：表面无积水、无积渣、无杂物以及符合其他相关要求。

（3）模板工程。施工标段隧洞衬砌混凝土时，使用的模板为刚性模板或衬砌混凝土钢模台车。

1）无论是倒角模板还是钢模台车支撑模板，均应对模板的稳定性、刚度、强度进行检查、核验，不发生超标准变形，同时模板支撑牢固，接触面紧密，无缝隙。

2）钢模台车底面标高允许偏差为0～5mm，检查点数不少于10个。

3）模板中心轴线位置允许偏差为±10mm，检查点数不少于10个。

4）侧墙垂直度允许偏差5mm，检查点数不少于10个。

5）模板边线与设计边线允许偏差为0～10mm，检查点数不少于10个。

6）相邻模板错台允许偏差为2mm，检查点数不少于10个。

7）隧洞衬砌混凝土外表平整度允许偏差为3mm，检查点数不少于20个。

8）模板外表面缝隙允许偏差1mm，检查点数不少于1～3个。

9）模板接触混凝土表面涂刷脱模剂，脱模剂质量符合相关要求；模板外涂刷的脱模剂，均匀，无明显色差；模板外观整体光洁，无污物，在隧洞衬砌混凝土前进行全面检查。

（4）钢筋制安。

1）对钢筋的数量、规格尺寸、安装位置等全面检查。要求：不少筋或随意更改钢筋规格尺寸。检查：要求逐个钢筋进行检查，不留死角。

2）钢筋绑扎搭接满足不小于35d要求，检查点数不少于10个。

3）钢筋间排距需严格按照设计要求进行检查，无明显过大、过小的现象，检查点数不少于5个。

4）钢筋保护层厚度（35mm）允许偏差为±8.75mm，检查点数不少于5个。

5）编号三号钢筋长度允许偏差为±17.5mm，检查点数不少于5个。

6）同一排钢筋间距（200mm）允许误差为±20mm，检查点数不少于5个。

7）当围岩为Ⅳ类围岩（263mm）时，两排钢筋排距允许误差为±26.3mm；当围岩为Ⅴ类围岩（262mm）时，两排钢筋排距允许误差为±26.2mm；两种围岩钢筋排距检查点数不少于5个。

（5）止水材料。

1）止水材料使用651型橡胶止水带；651型橡胶止水带表面平整，无浮皮、锈污、油渍、砂眼、钉孔、裂纹等，在全面检查的基础上，每2m检查一处。

2）橡胶止水带搭接长度不小于100mm，应全面检查。

3）接头位置打磨平整干净后，进行冷粘接；接头要求牢固，不存在漏粘接或者粘接处发生空隙。检查：要求全面检查。

4）止水带长度（全断面考虑一个接头10860mm）允许误差为±20mm，宽度（300mm）允许误差为±5mm，厚度（厚20mm）允许误差为±2mm，每项检查为3～5个点。

（6）伸缩缝填充材料。

1）伸缩缝缝面平整、顺直、干燥，外露铁件应割除，保证伸缩缝位置正确；伸缩缝缝面分为顶拱、左侧墙、右侧墙、底板4个部位，逐块检查。

2）缝面要求涂敷黏合材料与闭孔泡沫板粘接。黏合材料要求涂刷均匀平整，保证闭孔泡沫板与混凝土粘接紧密，无气泡及隆起现象。相邻两块闭孔泡沫板安装紧密无缝隙，全面检查。

（7）回填灌浆孔预设：现场回填灌浆孔预埋材料采用ϕ42的PVC管，依据设计要求在拱顶100°范围内单排3孔/2孔间隔布置，排距按2m布置。管路安装应牢固、可靠、无堵塞。管路出口露出模板外300～500mm，并妥善保护。检查时，对孔位预留、外露、安装等进行全面检查。

（8）混凝土浇筑。

1）在隧洞混凝土浇筑前，首先进行砂浆湿润泵车输送管及铺筑，铺筑厚度为2～3cm；砂浆铺筑，均匀平整，无漏铺，每2m检查一处。

2）入仓混凝土拌和物，按照设计配合比进行试验配置，施工现场提供现场配料单，禁止随意修改试验配合比，不允许任意增加或减少水、外加剂的数量等。检查次数不少于入仓总次数的50％。

3）底板及矮边墙混凝土拌和物入仓厚度不允许超过振捣棒有效长度的90％。边顶拱混凝土拌和物入仓厚度与钢模台车上附着式振捣器的强度能力相吻合。混凝土拌和物入仓厚度铺设均匀，分层清晰、振捣次序明确，禁止以振捣代替平仓。当采用强制性振捣棒振捣时，应做到前后次序合理，间距、留振时间间隔科学，无漏振、无超振。隧洞衬砌混凝土附着振捣器，振捣次数及时间需通过现场试验确定，确保混凝土振捣密实。隧洞衬砌混凝土进行检查时，在全面检查的基础上，以每2m一个点的间距进行检查。

4）混凝土浇筑间歇时间不允许超过90min；超过90min浇筑混凝土时，按施工缝处置。隧洞衬砌混凝土过程中，以每30min对仓面检查1次，同时做好记录。

5）隧洞衬砌混凝土浇筑时的温度不得高于28℃；在混凝土施工过程中，每4h测量1次出机口混凝土温度。每一浇筑仓面检查3个测点，检测点均匀分布在浇筑仓面上。

6）混凝土浇筑过程中禁止外部流水渗入浇筑仓面；当混凝土浇筑过程中出现泌水时，及时排出。混凝土浇筑仓面在全面检查的基础上，进行重点检查，不留死角。

7）脱模时间以混凝土强度满足5MPa为控制，禁止提前脱模，检查点数不少于脱模总次数的30％。

8）隧洞衬砌混凝土养护要求：衬砌混凝土表面保持湿润，连续养护时间满足规范要求。当隧洞衬砌混凝土浇筑完毕后6～18h内开始洒水养护；第1～第3天，白天每4h养护1次；第3～第7天，白天每8h养护1次；第7～第28天，每天养护1次。

（9）隧洞衬砌混凝土外观质量评定与验收。

1）隧洞衬砌混凝土脱模后，表面平整度允许偏差0～8mm，检查点数为3～5个。

2）隧洞衬砌混凝土完成后，检查结构断面尺寸（宽2.5m×高

3.035m）允许偏差为－5～15mm；在全面检查的基础上，每2m检测1处。

3）隧洞衬砌混凝土表面不出现缺损。若隧洞衬砌混凝土出现缺损缺陷时，及时修复并满足设计要求。隧洞衬砌混凝土，不允许出现蜂窝、麻面；若衬砌混凝土出现蜂窝、麻面时，累计面积不超过全断面面积的5%；同时对蜂窝麻面及时处理，确保符合设计要求。在全面检查的基础上，每2m检查1处。隧洞衬砌混凝土外表面，出现孔洞单个面积不超过0.01m²，且深度不超过骨料最大粒径时，经处理应符合设计及规范要求。在全面检查的基础上，每空洞处检查一点。当隧洞衬砌混凝土外表面出现错台、跑模、掉角时，应及时处理，以满足规范及设计要求。在全面检查的基础上，每2m检查一处。当隧洞衬砌混凝土表面出现裂缝，裂缝深度不大于钢筋保护层厚度（35mm）的要求时，按要求处理，确保符合要求。在全面检查的基础上，每2m检查1处。

3. 隧洞衬砌混凝土要点

（1）原材料。

1）钢筋按照不同的等级、牌号、规格及生产厂家分批验收，分区存储，不混杂，且应标志清楚。钢筋露天存储时，下垫上盖，不与酸、盐、油等物品存放在一起。

2）水泥优先选用散装水泥，进场的水泥按生产厂家、品种和强度等级分别存储，水泥罐每一个月倒罐1次。散装水泥运至工地的入罐温度，不高于65℃。散装水泥存储超过3个月时，使用前应重新检验，符合要求才允许投入使用。

3）人工砂的细度模数宜在2.4～2.8内，表面含水率不宜超过6%；碎石应控制各级骨料的超径、逊径含量控制标准为：超径为零，逊径不大于2%。骨料存储场有设置良好的排水设施，安装遮阳棚和防雨棚。不同粒径的骨料分仓存储，不混杂或混入泥土等杂物。

4）粉煤灰存于储存罐中并设置明显标志。粉煤灰在运输和存储过程中应做到防雨、防潮，同时不得混入杂物。

（2）隧洞衬砌混凝土。

1）混凝土拌制，严格按照签发的混凝土配料单实施，不得擅自更改。

2）拌制的混凝土出现下列情况之一时，按不合格料处理：错用配料单配料、混凝土任意一种组成材料计量失控或漏配、出机口混凝土拌和物不均匀或夹带生料、温度及含气量不达标、坍落度不符合要求等。

3）隧洞衬砌混凝土选用的运输设备，满足混凝土在运输过程中不发生泄漏、分离、漏浆、严重泌水、温度回升、坍落度损失等。混凝土在运输过程中，减少周转次数，不允许在运输途中或卸料过程中任意添加水量。

4）混凝土输送泵和输送管安装前，彻底清除管内污物及残留砂浆，并用压力水冲洗干净。管道安装后应及时检查，防止脱落漏浆，同时保持泵送混凝土的连续性。在混凝土输送过程中因故中断时，混凝土罐车正常转动。混凝土浇筑过程中，间歇时间超过45min时，及时清除混凝土罐车和输送管内的混凝土，并清洗干净。

5）隧洞洞段结构物基础经验收合格后，可进行混凝土浇筑的前期准备工作。混凝土浇筑仓面检查并经批准后，及时开仓浇筑混凝土，延后时间宜控制在24h以内。混凝土浇筑延迟超过24h且仓面污染时，应重新检查，申请验收批准。基岩面或混凝土施工缝浇筑混凝土时，先铺筑一层2～3cm厚的水泥砂浆；混凝土浇筑过程中，不允许在浇筑仓面添加任何原材料，特别是禁止随意添加施工用水或外加剂。在混凝土浇筑过程中，发现混凝土拌和物和易性较差时，可采取加强振捣等措施。发现仓内有泌水时，不允许在模板上开孔放水，避免带走灰浆。每浇筑一盘混凝土，振捣时间以混凝土粗骨料不再显著下沉并开始泛浆为准，防止欠振、漏振和过振。在橡胶止水带、安装钢筋密集处，采取特殊振捣措施，精心振捣，必要时辅以人工振捣密实。混凝土浇筑完成至混凝土初凝前，避免浇筑仓面积水。隧洞衬砌混凝土养护应连续进行，养护期间混凝土表面及所有侧面始终保持湿润。隧洞衬砌混凝土在雨季浇筑时，砂石料场安装排水设施，排水系统通畅，运输设备配备防雨及防滑措施，另外增加骨料含水率的检测频次。当混凝土浇筑仓外，平均气温低温连续5天稳定在5℃以下，或最低气温在－3℃以下时，按低温或冬季施工要求进行。低温季节或冬季混凝土施工时，编制冬季专项施工方案，编制计划，制定可靠的技术措施。隧洞衬砌混凝土低温或冬季施工，原材料应采取适宜的保温措施，砂石骨料配备防止冰雪和冻结的措施。

4. 试验检验与检测

(1) 原材料及中间产品试验检验。原材料及中间产品试验检验情况见表6.16。

表6.16　原材料及中间产品试验列表

主要原材料及中间产品取样标准			
名称	代表数量	检　测　项　目	监理抽检频率
水泥	200～400t	①密度；②比表面积；③细度；④标准稠度用水量；⑤安定性；⑥胶砂强度；⑦凝结时间	抽检1次
细骨料	600～1200t	①筛分；②细度模数；③表观密度；④堆积密度；⑤孔隙率；⑥含泥量；⑦泥块含量；⑧表面含水率；⑨石粉含量；⑩坚固性；⑪有机质含量；⑫轻物质含量；⑬云母含量	抽检1次
粗骨料	600～1200t	①筛分；②表观密度；③堆积密度；④孔隙率；⑤含泥量；⑥泥块含量；⑦吸水率；⑧压碎指标；⑨超逊径；⑩坚固性；⑪软弱颗粒含量；⑫针片状颗粒量	抽检1次
粉煤灰	200t	①细度；②需水量比；③烧失量；④含水量	抽检1次
减水剂	50t	①减水率；②含气量；③泌水率比；④抗压强度比（1d、3d、7d、28d）	抽检1次
水	每年	①pH；②不溶物；③可溶物；④氯化物；⑤硫酸盐；⑥碱含量	抽检1次
钢筋	60t	①抗伸性能；②冷弯性能	抽检1次
C25混凝土	每仓	①抗压强度；②抗渗性能；③抗冻性能	抽检1次

（2）混凝土施工过程中试验检测。

1）坍落度试验标准值为160mm～200mm。坍落度试验每4h在机口应检测1～2次，每8h在仓面应检测1～2次。

2）含气量试验标准值为2%～3%。含气量每4h应检测1次，含气量的允许偏差为1.0%。

3）每仓混凝土浇筑过程中，实验室按要求，现场取标准试块一组三块，尺寸为150mm×150mm×150mm，该试块在标准养护室中养护。

4）砂、小石的表面含水率每4h检测1次，雨雪天气等特殊情况应加密检测。

5）骨料的超逊径、含泥量每8h检测1次。

6）外加剂溶液的浓度每天检测1～2次，必要时检测减水剂溶液的减水率。

7）混凝土拌和站的计量器具定期（每月不少于1次）检验校正，必要时随时抽检；在混凝土拌制过程中，每班称量前应对称量设备进行零点校验。

5. 隧洞衬砌混凝土质量审签工作流程

隧洞衬砌混凝土单元工程施工质量验收评定表一共涉及6项施工工序，分别为：①基础面/施工缝处理；②模板制作及安装；③钢筋制作及安装▲；④预埋件（止水带、伸缩缝等）制作及安装；⑤混凝土浇筑（含养护、脱模）▲；⑥外观质量检查等。其中标注为▲符号的工序为关键工序。监督复核人员检查隧洞衬砌混凝土工序质量时，要求施工单位提交各项工序的三检资料（每道工序的初检、复检、终检资料）。施工单位的“三检制”资料，在检查、检测、评定合格的情况下，允许进入下一道工序施工。在第⑤项工序开工前，施工单位及时提交混凝土开仓报审表，经现场监督检查人员审核签认后，可进行混凝土浇筑。要求：现场在每一个单元工程完成后进行评定，同时提供相关报审表，如：原材料检验备查表（含试件检验结果）、混凝土骨料检验备查表、拌和物性能检验备查表、混凝土浇筑施工记录表等。

6. 原材料、设备进场检验

（1）原材料进场报验单，提供该材料的质量证明文件、外观验收检查表、工地试验室对材料进行试验检验合格报告等。要求：缺少相关附件的原材料不得用于隧洞衬砌混凝土工程。

（2）施工设备进场报验。新设备需提供进场施工设备照片、进场施工设备生产许可证、进场施工设备产品合格证（特种设备应提供安全检定证书）、操作人员资格证等，上述材料，当缺少任何一项附件材料时，该施工设备不允许投入隧洞混凝土工程施工。已使用或正在使用的设备投入运行时，须提供保养证明材料、试运行记录材料，经检查监督人员确认后方可投入使用。

7. 错车道封堵

（1）主洞为岩石洞段，主洞混凝土衬砌至错车道时，错车道按规定进行封堵。

（2）按照错车道施工要求，错车道封堵方案解析如下：

1）错车道内共需施工3处M7.5浆砌石挡墙。

2）紧贴衬砌混凝土背水面施工图所示M7.5浆砌石挡墙，基础厚度为500mm，宽度依据挡墙顶宽500mm＋错车道实测高度×0.3＋500mm台阶推算，长度为错车道沿隧洞中心轴线全部洞段，该挡墙墙背为垂直型，墙面按照1∶0.3坡度砌筑。

3）以错车道断面的中心为中心线，据中心线两边各1500mm处，施工3座M7.5浆砌石挡墙，墙顶宽度统一为500mm，墙面背部均按照1∶0.1坡度砌筑，墙基厚度为500mm，宽度依据挡墙顶宽500mm＋错车道实测高度×0.2＋400mm台阶推算，长度为错车道沿隧洞中线轴线全部洞段。

8. 施工安全

监督检查施工安全人员职责和权限。

（1）督促施工单位对作业人员进行安全交底，监督各工区按照批准的施工方案组织施工，检查各工区安全技术措施的落实情况，及时阻止违规作业。

（2）定期和不定期巡视检查施工过程中危险及危险性较大的工

序作业情况。

（3）定期和不定期巡视检查施工单位的用电安全、消防措施、危险品管理和场内交通管理等情况。

（4）定期和不定期检查施工现场机械设备检修、维护、日常保养等情况，将隐患消灭在萌芽状态。

（5）检查各工区各专项安全施工方案中防护措施和应急措施的落实到位情况。

（6）检查施工现场安全标志和安全防护措施应符合相关规定及要求。

（7）督促各工区安全负责人进行安全自查工作，并对施工单位自查情况进行统计分析。

（8）参加建管单位和有关部门组织的安全生产专项检查。

（9）检查灾害应急救助物资和器材的配备情况。

（10）检查施工单位安全防护用品的配备情况。

（11）现场监督检查人员发现施工安全隐患时，要求施工单位立即整改；必要时，可指示施工单位暂停施工，并向相关部门报告。

9. 文明施工

（1）定期或不定期检查各工区文明施工的执行情况，并监督施工单位通过自查和改进，完善文明施工管理。

（2）督促施工单位开展文明施工的宣传和教育工作，并督促施工单位积极配合当地政府和居民共建文明、和谐、宜居环境。

（3）监督检查施工单位落实合同约定的施工现场环境科学管理工作。

6.3.3.2 主要工作流程及重点

1. 原材料及加工厂

（1）提供原材料检验合格证明材料，规划原材料分区堆放，依据含泥量（天然砂不允许超过3%）、含沙量、锈斑、级配、标注、标志等相关要求，做好检验、检查工作。

（2）重点：监督检查原材料分区及堆放的合理性。

1）文明施工措施的落实方面：设置标志标牌，进行分区放置。

2）粗细骨料方面：无泥块，无超径砾石（小于5%），无逊径砾石（小于10%）。

3）钢筋方面：遮盖，无生锈，未被严重撞击。

4）外加剂方面：无损坏，未长时间与空气接触，未渗漏现象等。

2. 混凝土配合比

（1）提供混凝土试验配合比，明确混凝土试验过程，确定混凝土抗压、抗冻、抗渗等具体指标（如：C25W6F50）。

（2）重点：监督检查配合比试验报告。查看具备水泥、粉煤灰、砂、碎石、外加剂、水等试验检测报告；明确每方混凝土试验配合比的具体数值（水泥∶粉煤灰∶水∶砂∶小石∶中石∶外加剂=255∶45∶147∶789∶518∶633∶4.50）；特别明确施工用水、外加剂的具体值（施工用水：147kg、外加剂：4.50kg）。

3. 混凝土拌和站

（1）提供混凝土拌和站设置的合理性及工作环境分析资料，提供主要仪器和设施设备检验合格证明报告，提供混凝土拌和站检验、调试合格证明材料等。

（2）重点：监督检查混凝土拌和站自动存储及输入系统。查看检验报告，检查内容包括：混凝土配料单与现场实际输入值情况；外加剂在混凝土拌和站自动输入系统中处于自动添加系统；混凝土拌和站添加施工用水系统，重点为重量自动添加系统；混凝土拌和站的规章制度和操作规程，作业指导书、操作手册及操作规程编制情况等。

4. 隧洞衬砌混凝土前钢模台车

（1）提供隧洞衬砌混凝土前钢模台车设计图和结构计算值，提供隧洞衬砌混凝土钢模台车承压强度计算过程资料，提供出厂检验合格证明材料，提供主要设备检验合格报告，提供钢模台车外模板表面平整度检验证明材料等。

（2）重点：监督检查隧洞衬砌混凝土钢模台车整体情况。检查内容包括：钢模台车行走运行系统；钢模台车各种设备及振捣器工作情况；检测质量证明材料（工字钢质量证明、槽钢质量证明、钢模台车检验报告、作业指导书等），满足要求情况；衬砌混凝土钢模台车外模板平整度、附着式振捣器设置、钢模台车整体移动，满足要求情况等。

5. 隧洞洞挖超欠挖检测与处理

（1）隧洞洞挖初期支护过程中，设定基准点、转点，确定基准基线，设置激光定位装置。隧洞洞挖及初期支护全过程，使用全站仪测量标注底板、边墙、顶拱拱部等超欠挖具体数据。

（2）重点：监督检查隧洞洞挖及初期支护情况。检查内容包括：隧洞洞挖定位点情况；隧洞洞壁及顶拱，超欠挖数值满足情况：隧洞洞挖及初期支护处理后，检查记录情况；监督现场抽样检验处理，符合要求情况；隧洞洞挖及初期支护后，历次无损检测、雷达扫描后，隐患及不符合要求区域处置情况等（施工单位、监理机构、建管单位、政府监督机构、专家等监督检查及检测情况）。

6. 重要隐蔽单元工程验收

（1）依据工程项目划分，提供重要隐蔽单元工程分布、施工及验收准备情况；成立联合验收小组，进行现场检查，了解地质描述及编录，检查测量检测等情况。

（2）重点：监督检查重要隐蔽单元工程验收情况。检查内容包括：验收准备情况；成立联合验收工作组情况；提供完整的签字表格情况等。

7. 建基面

（1）依据设计要求及规范规定，明确建基面的具体标准。提供建基面的具体要求，依据建基面的标准确认建基面验收情况。

（2）重点：监督检查建基面验收情况。检查内容包括：基坑仓面积水情况（确认是否为隧洞洞段渗水，或者是否为施工废水等）；基坑仓面存在淤泥情况；基坑仓面，存在杂物、深坑、孔洞情况；基坑中杂物、深坑、孔洞按规定处理情况等。

8. 钢筋制安

（1）提供钢筋制安的具体要求，提供隧洞衬砌混凝土设计施工详图，提供钢筋相关型号检验合格证明材料。

（2）重点：监督检查钢筋制安的具体情况。检查内容包括：不同钢筋规格型号（如 ϕ8、ϕ12、ϕ16、ϕ18）满足设计情况；采购钢筋存在生锈情况；不同型号钢筋加工满足设计要求情况；倒角钢筋的制作满足设计规定的角度45°要求情况；在钢筋制作安装过程中，定位筋、架立筋的设置现场施工情况；在钢筋制安过程中，钢筋的间距、排距、型号、尺寸，满足要求情况。

9. 混凝土浇筑

（1）在混凝土浇筑过程中，提供：混凝土拌和配料系统验收情况；现场混凝土试验配合比情况；混凝土拌和站启功验收情况；混凝土拌和物运输、中间检查、入仓情况；混凝土衬砌钢模台车再次检查情况；振动器设置效验情况；隧洞衬砌混凝土拆模后养护时间及外观质量检验情况。

（2）重点。

1）监督检查混凝土浇筑过程保证情况。检查内容包括：混凝土拌和站启动运行情况；粗细骨料存在超逊径、级配合理性情况；细骨料、粗骨料、外加剂等存在混杂情况等。

2）监督检查混凝土配合比自动配置功能。检查内容包括：现场混凝土配合配备自动存储功能；混凝土现场配料单数值与自动记录仪一致情况；添加施工用水、外加剂的自动添加系统情况。

3）监督检查拌和站拌和物符合情况。检查内容包括：混凝土拌和站拌制时间满足不小于60s的最小值情况；混凝土拌和物的黏稠度、坍落度、和易性、流动性满足规范要求情况。

4）监督检查混凝土拌和物运输情况。检查内容包括：混凝土拌和物的运输、中间检查、入仓情况等；入仓混凝土拌和物发生离析情况等；混凝土拌和物从顶部、侧墙等不同部位入仓情况等。

5）监督检查衬砌混凝土钢模台车情况。检查内容包括：衬砌混凝土钢模台车的净空、顶部尺寸、宽度情况；衬砌混凝土钢模台车的稳定性和支撑强度情况。

6）监督检查附着式振捣器设置情况。检查内容包括：隧洞衬砌混凝土钢模台车附着式振捣器的设置满足施工需要情况；附着式振捣器的安装与设计施工图一致（侧墙两边，各设置三台振捣器）情况；隧洞衬砌混凝土钢模台车附着式振捣器存在过振或漏振处理情况；隧洞衬砌混凝土钢模台车行走灵活性情况；隧洞衬砌混凝土的外观质量情况、漏振和过振情况、混凝土表面出现缺陷情况，进而改造、添加、移动振捣器或相关设施设备情况。

6.3.4 主要核查内容

该隧洞衬砌混凝土前质量管理，在做好相关要求的前提下，重点把握和检查内容包括：规章制度建立、质量体系建立健全、原材料试验检验、粗细骨料检查、设备报验、外加剂检验、配合比试验、拌和站启动验收、洞挖超欠挖处理、避车洞封堵、不良地质洞段处理、建基面验收、重要隐蔽工程验收、重要隐蔽单元工程联合验收、钢筋数量确定、钢筋直径检查、钢筋间距和排距检验、钢筋保护层厚度控制、混凝土浇筑过程及关键点的监控、衬砌混凝土厚度的保证、衬砌混凝土实体脱空与空洞的消除、衬砌混凝土实体强度的验证、衬砌混凝土实体渗水情况的防治、衬砌混凝土实体的养护、衬砌混凝土的外观质量检验与评定、隧洞衬砌混凝土质量保证措施等。共检查 26 大项，52 小项；形成分类资料 75 盒。

6.4 质量管理中存在问题的汇总、分析及对策

6.4.1 质量管理中存在问题汇总

在隧洞衬砌混凝土质量管理中，当出现了质量问题时，应汇总、分析，并采取必要的措施，使质量得到保证。在隧洞衬砌混凝土质量管理中，存在的问题汇总见表 6.17。

表 6.17　　　隧洞衬砌混凝土存在问题汇总列表

序号	存在问题描述	备注
1	施工19号支洞、施工20号支洞控制主洞部分洞段，基础面积水，堆积石渣、废料，局部存在淤泥等杂物；现场处理不符合要求	
2	施工19号支洞、施工20号支洞控制主洞底板与矮边墙的混凝土浇筑分两次进行，不符合要求	
3	施工20号支洞控制主洞侧墙，局部欠挖未处理，影响钢筋制安，衬砌混凝土厚度不能满足设计要求	
4	施工19号支洞、施工20号支洞控制主洞，在隧洞衬砌混凝土过程中，使用的衬砌混凝土钢模台车为旧的台车，稳定性差，变形较大，容易产生错台	
5	施工20号支洞控制主洞，在隧洞衬砌混凝土过程中，局部产生孔洞、蜂窝、麻面等缺陷，不符合要求	
6	施工19号支洞、施工20号支洞控制主洞，隧洞衬砌混凝土后，混凝土表面局部呈现明显的钢筋轮廓线，钢筋保护层厚度不符合要求	
7	施工20号支洞控制主洞，混凝土衬砌后，混凝土表面及分缝处，局部发生渗水现象，不符合要求	
8	施工19号支洞控制主洞，衬砌混凝土使用的细骨料露天堆放，冬季保温措施未到位；施工20号支洞控制主洞，混凝土拌和用水在冬季未加热，不符合冬季施工要求	
9	施工19号支洞控制主洞，衬砌混凝土时，边顶拱混凝土浇筑时间过长，出现施工冷锋，不能满足隧洞混凝土施工方案要求	
10	施工19号支洞、施工20号支洞控制主洞，在衬砌混凝土过程中，顶拱处回填灌浆孔布设不符合设计要求	
11	施工20号支洞控制主洞，在衬砌混凝土过程中，钢模台车附着式振捣器布设不合理，不能满足混凝土施工要求	

6.4.2 质量管理中存在问题分析及对策

1. 常见的质量问题汇总、分析、对策

(1) 在隧洞衬砌混凝土过程中，常见的质量问题有：清基处理不到位、超欠挖处理不符合要求、混凝土浇筑工艺执行不严格、衬砌混凝土钢模台车安装调试不到位、衬砌混凝土工程外观质量不符合要求、冬季混凝土施工措施不到位等。

（2）对于出现频次较多问题的原因分析。

1）施工单位现场管理人员配备不足。施工单位现场项目部实际投入的主要管理人员为项目副经理和技术负责人。项目副经理和技术负责人兼顾现场组织机构日常管理和文件编制，深入工程施工现场的频率偏低，对工程施工现场了解不够，不能发挥正常的现场管理和技术指导作用。

2）施工 19 号支洞工区施工点，施工单位现场组织机构，只安排一名施工员（为实习生），施工现场未设置工区负责人。施工 20 号支洞工区施工点安排一名工区负责人，但未安排现场专职施工员；施工点配置的施工员为即将毕业的学校实习学生。两个施工点配置的施工资源不能满足现场施工的要求。另外，施工人员及工区负责人业务知识储量较少，不能很好地指导劳务人员规范施工。

3）某施工标一施工点，劳务人员来自不同的地方，每个人的工作能力不同，作业水平不一。劳务人员工作积极性不高，工作态度不端正，影响衬砌混凝土质量。

4）施工单位后方总部在工程施工进度方面要求较多，相反在工程施工质量方面较为放松，致使施工单位现场组织机构刻意追求工程进度，不重视工程施工质量。

5）施工单位现场组织机构，在施工 19 号支洞、施工 21 号支洞、施工 22 号支洞的三个施工点，劳务人员变更频繁，在一定程度上影响到工程质量。

6）施工 19 号支洞、施工 20 号支洞两个施工点，使用的衬砌混凝土钢模台车为旧钢模台车。该钢模台车的刚度、稳定性、液压支撑系统不佳，外模板的平整度局部不能满足要求，在隧洞衬砌混凝土过程中，处理和衬砌交替进行，导致隧洞衬砌混凝土质量不符合要求。

（3）研究对策。

1）施工单位现场组织机构依据合同约定增加符合要求的施工

管理人员。施工点增派有能力的工区长、质量负责人、安全负责人、施工员等。施工单位组织机构主要负责人（项目部经理、技术负责人、质量负责人、安全负责人等）定期或不定期对施工点进行检查，发现质量缺陷或问题及时协商解决，或向施工单位总部领导反映，进行深入剖析，采取必要措施及时整改；在此类问题解决的同时，举一反三，防止类似事件再发生，保证施工质量。

2）施工单位现场组织机构做好劳务队施工技术交底及安全教育等工作，并进行考核；根据考核情况，实行奖优罚劣，充分调动劳务人员的积极性，优化劳务队伍，保证施工质量。

3）施工单位现场组织机构通过人员优化，统一思想；制定适合现场工作的各项规章制度，从项目部每个人开始，转变质量意识，摒弃老旧观念，树立良好的质量观。

4）当在现场管理人员玩忽职守，疏于施工管理，不能按照施工图纸施工，造成质量缺陷或质量事故时，立即予以调离工作岗位或调换施工点，并予以必要的处罚。同时，要求重新调配称职的管理人员进驻现场，加强现场施工质量管理，推进隧洞衬砌混凝土正常进行。

5）尊重建管单位和监督单位的正常管理，加大施工点的资源配置，购置新的隧洞衬砌混凝土钢模台车，提高现场劳务的待遇，在施工点配置优质资源，为衬砌混凝土质量创造必要条件。

2. 出现较少的质量问题汇总、分析、对策

（1）施工现场质量问题出现频次较少，涉及的工序有：隧洞钢筋制安时定位钢筋偏少、架立筋局部不符合要求、施工区废料未及时清理等。

（2）具体原因分析。

1）施工现场工区长、施工员，对隧洞衬砌混凝土过程中钢筋制安认识不到位，不理解设计对钢筋制安的要求，不能正确理解正常配筋、定位筋、架立筋的正确关系。

2）现场施工点，材料加工废料、施工过程中的弃渣不能及时清除；究其原因，主要是管理人员责任心不强，施工员和劳务人员

未尽其责所致。

（3）研究对策。

1）施工单位现场组织机构对施工工区长、施工员加强业务学习和技能培训，提高其技术水平和业务能力；同时深刻理解设计施工图纸的具体要求，明确钢筋制安的具体规定。

2）明确职责，落实具体措施。

3）克服偷懒、模糊意识，增强责任心。

4）制订应急预案。

3. 偶然出现的质量问题汇总、分析、对策

（1）施工工区及施工点的机械设备出现故障，现场劳务人员生病等。

（2）具体原因分析。

1）施工机械保养工作滞后，设备维修不及时。

2）对现场施工及劳务人员的健康状况了解不够，未能准确把握现场施工及劳务人员的健康状况。

（3）研究对策。

1）施工单位现场组织机构从机械设备采购、维修、保养等方面加强管理和责任分工。具体做到：机械设备采购有可靠的质量保障；机械设备维修、保养不留死角；施工及劳务人员的体检、身体自保及时进行。

2）建立健全规章制度，在现场工区和施工点中落实。

3）制订相应的应急预案。

6.5 质量管理主体检查

6.5.1 现场组织机构成立及具体工作

1. 组织机构、人员安排情况

（1）现场组织机构的设置。施工单位在施工现场组建现场组织机构，制定相应岗位职责。

1）组织机构中的重点部门及人员要求。施工单位现场组织机构中，重点人员为：项目经理、技术负责人、质量负责人、安全负责人、各工区长、各现场工区施工员。重点部门为：工程技术部、质量部等。

2）对相关人员的具体要求。现场组织机构中，配备人员的资质、业绩、工作能力等与招投标文件要求相适应，与现场施工相吻合；能够胜任具体工作，履职尽责。杜绝冒名顶替、以次充好、滥竽充数等现象的发生。

（2）施工单位现场组织机构人员的具体要求。

隧洞衬砌混凝土质量是否符合要求，关键在于现场施工人员的工作，施工设备的配置；所以在现场混凝土衬砌过程中，安排合格的施工人员，配备符合要求的施工设备非常必要。

1）施工单位现场组织机构主要管理人员包干包片，固定具体洞段，要求定期或不定期检查现场工作，常驻施工一线。

2）项目经理做到每7天深入2个施工点检查具体工作，指导现场具体施工。

3）技术负责人做到每7天深入4个施工点，针对现场发现的问题研究具体对策，加强技术指导。

4）工程部长、工区长做到每天深入1个施工点，监督、指导现场具体工作。

5）施工员做到每天进驻1～2个掌子面，从现场布置到工程具体施工进行全面检查；在检查过程中，具备发现问题的能力，同时提出解决问题的具体措施，做到第一时间发现问题，及时整改落实。

6）质量负责人、安全负责人做到在施工过程中，协商解决检查发现的质量缺陷、质量问题、安全问题等，或向现场组织机构主要负责人报告，采取必要措施及时整改；同时，引以为戒，预防类似事件再发生。

通过现场检查，指出存在的问题；对收集的问题，进行分类、整理、分析，研究制定对策。做到问题及时整改，及时验收，满足要求。

2. 混凝土浇筑的具体要求

（1）混凝土浇筑的总体要求。施工单位现场组织机构，根据现场准备情况，提出混凝土开仓申请，办理混凝土浇筑开仓许可证，在混凝土浇筑过程中做到程序化、规范化、标准化。

（2）混凝土浇筑的具体要求。

1）首仓混凝土浇筑时，施工单位现场组织机构主要负责人深入施工一线，协调施工资源，指导工程施工。

2）混凝土浇筑的前几个仓面，施工单位现场组织机构的技术负责人、质量负责人、安全负责人、工程部长、工区长深入工程施工现场，根据规范及方案要求，指导现场规范化施工，克服随意性和盲目性，满足质量控制的要求。

3）现场混凝土浇筑实现标准化后，项目部工程部长、工区长进一步抽查检查；现场组织机构的技术负责人仍需现场督促指导，确保混凝土浇筑“标准化”的持续进行。

4）混凝土浇筑过程中，工程施工现场的班组长和具体作业人员加强自身修养及现场施工管理。要求：现场施工班组长、具体作业人员明确混凝土浇筑的具体要求，熟练掌握设计要求和规范规定；现场劳务人员掌握基本控制标准，熟记基本参数，记录过程中技术数据，经过教育培训，共同努力做好隧洞混凝土衬砌质量管理。

（3）混凝土浇筑的过程总结。隧洞混凝土衬砌完成后，及时采集相关数据，进行科学分析，做到发扬长处、克服不足、规范施工。

3. “三检制”的具体落实

（1）混凝土浇筑“三检制”的要求。依据合同约定，根据工程建设需要，施工单位现场组织机构，在混凝土浇筑过程中，严格执行“三检制”。

（2）混凝土浇筑“三检制”的具体落实。施工单位现场组织机构，在混凝土浇筑过程中，按照“三检制”的要求，做到：“初检”

“复检”在施工中进行，“终检”检查与现场监督检查相结合。实现：“三检制”从工序开始，在过程中把控。

1）初检。初检人员明白具体要求，在放样、定位、定线、检查点数上明确具体值，提出初检结果。

2）复检。复检人员做到技术指标、质量标准、检测点数、分布部位等统筹兼顾，全面掌握；同时细化、完善过程资料及验收成果。做到在过程中及时整改、完善初期存在的问题和不足。

3）终检。终检人员是施工单位现场组织机构的专职质量负责人，应熟悉设计图纸、设计文件、规程、规范、资料整编等要求，熟悉基本程序，规范工序验收要求，完善相关数据记录，填写规范用表。做到申请及时、填写规范、验收到位。

特别提醒：施工单位现场组织机构，在终检得到确认后，应及时向监理机构提出混凝土浇筑开工申请，在监理机构签发混凝土浇筑“开仓证”后，第一时间进行混凝土浇筑工作。

（3）混凝土浇筑落实“三检制”的总结。隧洞衬砌混凝土执行“三检制”后，应及时进行总结、分析和提高。执行“三检制”是为了保证衬砌混凝土质量，提高混凝土浇筑管理能力，更好地服务于整体工程施工。

6.5.2 监督机构对现场施工主体的检查

1. 监督检查现场组织机构的设置

督促施工单位成立现场组织机构，配备相关人员，明确职责，建立健全各项规章制度，确保隧洞衬砌混凝土工作正常进行。

2. 督促落实分工安排

施工单位现场项目部安排不同的人员，开展不同的工作，同时明确不同的岗位职责；监督机构根据具体分工安排和岗位职责，督促落实。

参 考 文 献

[1] 水利水电工程施工质量检验与评定规程：SL 176—2007 [S]. 北京：中国水利水电出版社，2007.

[2] 水利水电建设工程验收规程：SL 223—2008 [S]. 北京：中国水利水电出版社，2008.

[3] 水利水电工程单元工程施工质量验收评定标准：SL 631～637—2012 [S]. 北京：中国水利水电出版社，2012.

[4] 建设工程监理规范：GB 50319—2013 [S]. 北京：中国建筑出版社，2013.

[5] 水利工程施工监理规范：SL 288—2014 [S]. 北京：中国水利水电出版社，2014.

[6] 水工混凝土施工规范：SL 677—2014 [S]. 北京：中国水利水电出版社，2014.

[7] 水利工程质量检测技术规程：SL 734—2016 [S]. 北京：中国水利水电出版社，2016.

[8] 中华人民共和国水利部建设与管理司. 水利水电工程施工质量验收评定表及填表说明 [M]. 北京：中国水利水电出版社，2016.

[9] 《水利工程建设标准强制性条文》编制组. 水利工程建设标准强制性条文 [M]. 北京：中国水利水电出版社，2020.